专业户健康高效养殖技术丛书

（第二版）

现代蛋鸡养殖
关键技术精解

熊家军　杨菲菲　主编

U0301719

化学工业出版社
北京

内 容 简 介

本书在介绍养殖蛋鸡的主要品种和生物学特性的基础上，结合我国蛋鸡养殖的生产条件和特点，详细讲解蛋鸡的营养需要与日粮配制、孵化、饲养管理、疾病防治以及蛋鸡养殖场建设与经营管理等技术内容，可供广大蛋鸡养殖专业户和中小型养鸡场学习使用，也可为畜牧兽医工作者特别是从事蛋鸡养殖的管理和技术人员提供参考。

图书在版编目（CIP）数据

现代蛋鸡养殖关键技术精解/熊家军，杨菲菲主编. —2 版. —北京：化学工业出版社，2020.11
（专业户健康高效养殖技术丛书）
ISBN 978-7-122-37711-1

Ⅰ.①现…　Ⅱ.①熊…②杨…　Ⅲ.①卵用鸡-饲养管理　Ⅳ.①S831.4

中国版本图书馆 CIP 数据核字（2020）第 171134 号

责任编辑：刘亚军　　　　　　　　文字编辑：林　丹　白华霞
责任校对：李　爽　　　　　　　　装帧设计：张　辉

出版发行：化学工业出版社（北京市东城区青年湖南街 13 号　邮政编码 100011）
印　　装：大厂聚鑫印刷有限责任公司
850mm×1168mm　1/32　印张 7¾　字数 205 千字
2021 年 3 月北京第 2 版第 1 次印刷

购书咨询：010-64518888　　　　　售后服务：010-64518899
网　　址：http://www.cip.com.cn
凡购买本书，如有缺损质量问题，本社销售中心负责调换。

定　　价：**38.00 元**　　　　　　　　　版权所有　违者必究

本书编写人员

主　编　　熊家军　　杨菲菲

副主编　　刘建霞　　陈联合

参　编　　程春宝　　徐为民　　王贵强

前　言

　　我国蛋鸡养殖历史悠久，是蛋鸡饲养大国，饲养量多年居于世界前列。蛋鸡养殖是投入少、周转快、效益高的产业，目前已由传统的家庭散养模式转向规模化、集约化、现代化的高效、科学、生态、有序的健康养殖模式，成为农业增收、农民致富的重要途径之一。我国规模化蛋鸡饲养所占比例已提高到 70％～75％，其中中小型蛋鸡场和养殖小区饲养数量占规模化养殖存栏总量的75％～80％。

　　为满足农村广大蛋鸡养殖专业户和中小型蛋鸡场发展和生产的需要，正确指导从业人员科学兴办和经营管理蛋鸡场，提高养殖效益，及时推广应用高效生态养鸡的新知识、新技术，我们组织了长期从事蛋鸡生产、教学、科研和新技术推广的相关专家编写此书。

　　《现代蛋鸡养殖关键技术精解》共分八章，重点介绍了蛋鸡场规划方案与建筑设计，笼养蛋鸡的常见品种，蛋鸡的营养需要与日粮配制，蛋鸡的孵化技术，蛋鸡的高效饲养与管理，疫病的预防与控制技术，蛋鸡场的环境保护等方面的内容。本书理论密切联系生产实际，全面系统，重点突出，以翔实的文字、简洁易懂的语言、明晰的层次向读者介绍现代蛋鸡生产的理念、方法和新技术，强调高效经济和生态养殖主题，突出养殖过程中的各项关键步骤和核心技术，旨在达到使广大从业者能够全面迅速地学习和掌握新技术的目的。

本书在编写过程中，参考了部分专家、学者的相关文献资料，在此深表感谢。

　　由于编者知识水平有限，书中疏漏或不当之处在所难免，恳请广大读者和养鸡业同行批评指正。

编者

2021 年 1 月

目 录

第一章　中国蛋鸡产业现状及发展思路 …………………………… **1**

一、中国蛋鸡产业发展概况 ……………………………………… 1

二、中国蛋鸡产业发展思路 ……………………………………… 6

第二章　笼养蛋鸡的常见品种 …………………………………… **8**

第一节　褐壳蛋鸡 ………………………………………………… **8**

一、伊莎褐蛋鸡 …………………………………………………… 9

二、海兰褐蛋鸡 …………………………………………………… 9

三、罗曼褐蛋鸡 …………………………………………………… 10

四、海赛克斯褐壳蛋鸡 …………………………………………… 10

第二节　粉壳蛋鸡 ………………………………………………… **11**

一、星杂 444 ……………………………………………………… 11

二、尼克珊瑚 ……………………………………………………… 12

三、海兰灰 ………………………………………………………… 12

四、罗曼粉 ………………………………………………………… 12

五、京粉 1 号 ……………………………………………………… 13

六、农大粉 3 号 …………………………………………………… 14

七、新杨粉壳蛋鸡 ………………………………………………… 14

第三节　白壳蛋鸡 ………………………………………………… **15**

一、迪卡白鸡 ……………………………………………………… 15

二、罗曼白 ………………………………………………………… 15

三、京白鸡 ···································· 16

第四节　绿壳蛋鸡 ······························· **16**

一、新江汉绿壳鸡 ······························ 16

二、新杨绿壳蛋鸡 ······························ 17

三、三凤青壳蛋鸡 ······························ 17

第三章　蛋鸡的营养需要与日粮配制 ·········· **18**

第一节　蛋鸡的营养需要特点 ················· **18**

一、能量 ···································· 18

二、蛋白质 ·································· 21

三、矿物质 ·································· 22

四、维生素 ·································· 25

五、水 ······································ 29

第二节　蛋鸡常用饲料 ······················· **30**

一、能量饲料 ································ 31

二、蛋白质饲料 ······························ 33

三、矿物质饲料 ······························ 35

四、添加剂饲料 ······························ 37

第三节　蛋鸡的饲养标准 ····················· **42**

一、饲养标准的概念 ·························· 42

二、我国蛋鸡的饲养标准 ···················· 42

第四节　蛋鸡日粮的配制 ····················· **47**

一、日粮及饲粮的概念 ························ 47

二、日粮配方设计的原则 ···················· 48

三、配制日粮的方法 ·························· 50

四、常用饲料原料掺假的识别 ················ 55

第四章　蛋鸡的孵化技术 ···················· **59**

第一节　种蛋的选择、消毒、保存及运输 ······· **59**

一、种蛋的选择 ······························ 60

二、种蛋的消毒 ······························ 62

三、种蛋的保存 ······························ 63

四、种蛋的运输 ·· 64

第二节 孵化条件的控制 ·································· **64**

一、温度 ·· 65

二、相对湿度 ·· 68

三、通风换气 ·· 68

四、翻蛋 ·· 70

五、凉蛋 ·· 70

六、孵化场卫生条件 ·· 71

第三节 孵化效果的检查与分析 ···················· **72**

一、看胎施温技巧 ··· 72

二、生产中照蛋的合适时机 ······························ 74

三、照蛋时区别正常胚蛋和异常胚蛋的关键技术 ··· 74

四、通过蛋重检查孵化条件的技巧 ····················· 75

五、通过出雏情况检查孵化条件的技术 ··············· 76

六、胚胎死亡的规律分析 ·································· 76

七、孵化各期胚胎死亡的原因 ··························· 76

八、从鸡苗情况发现孵化中的问题 ····················· 77

九、影响种蛋孵化率的原因分析 ························ 78

十、嘌蛋技术 ·· 80

第四节 孵化机孵化法的程序 ························ **80**

一、制订孵化计划 ··· 80

二、准备孵化用品 ··· 81

三、孵化机的准备 ··· 81

四、预热、上蛋及消毒 ····································· 81

五、照蛋及移盘 ·· 82

六、出雏 ·· 82

七、人工助产 ·· 82

八、清洗与消毒 ·· 83

九、电孵化机停电时的应急措施 ························ 83

第五节 雏鸡的分拣和运输 ·························· **84**

一、初生雏的分拣 …………………………………………… 84

二、接雏的时间 ……………………………………………… 85

三、初生雏的运输 …………………………………………… 85

第五章　蛋鸡的高效饲养与管理 …………………………… 86

第一节　雏鸡的饲养与管理 ………………………………… 86

一、雏鸡的生理特点 ………………………………………… 86

二、进雏前的准备工作 ……………………………………… 87

三、雏鸡饲养技术 …………………………………………… 90

四、雏鸡死亡原因分析 ……………………………………… 96

五、育雏期到育成期的过渡 ………………………………… 98

第二节　育成鸡的饲养与管理 …………………………… 100

一、育成鸡的生理特点 …………………………………… 100

二、育成鸡的培育目标 …………………………………… 101

三、育成鸡的饲养技术 …………………………………… 102

四、育成鸡的管理技术 …………………………………… 106

第三节　产蛋鸡的饲养与管理 …………………………… 110

一、产蛋鸡的生理和生产特点 …………………………… 111

二、产蛋鸡的饲养模式 …………………………………… 111

三、掌握产蛋规律及生产力计算 ………………………… 112

四、产蛋鸡的小气候环境 ………………………………… 116

五、产蛋鸡的饲养管理技术 ……………………………… 119

六、提高蛋鸡场经济效益的措施 ………………………… 133

第六章　规模化笼养蛋鸡场的规划与建设 ……………… 140

第一节　场址的选择与布局 ……………………………… 140

一、场址的选择 …………………………………………… 140

二、场地的规划和鸡舍的布局 …………………………… 143

第二节　蛋鸡场建筑设计 ………………………………… 151

一、蛋鸡舍建筑的类型 …………………………………… 151

二、蛋鸡舍建筑的设计 …………………………………… 152

三、蛋鸡舍的结构要求 …………………………………… 153

第三节　蛋鸡场的生产设备 ……………………………… **155**

一、孵化设备 …………………………………………… 155

二、饲养设备 …………………………………………… 157

三、环境控制设备 ……………………………………… 162

四、卫生防疫设备 ……………………………………… 164

五、集蛋设备 …………………………………………… 165

第七章　蛋鸡场的环境污染与保护 ……………… **166**

第一节　蛋鸡场环境污染 ………………………………… **166**

一、蛋鸡场环境污染的原因 ……………………………… 166

二、蛋鸡场环境污染的途径及危害 ……………………… 167

三、蛋鸡场环境污染特点 ……………………………… 169

第二节　养鸡场环境保护 ………………………………… **170**

一、禽业环保技术产业化 ……………………………… 170

二、畜牧业废弃物的处理与利用 ………………………… 171

三、养禽场环境管理 …………………………………… 176

第八章　蛋鸡疾病防治 ………………………………… **182**

第一节　蛋鸡的保健与防疫 ……………………………… **182**

一、蛋鸡的保健 ………………………………………… 182

二、蛋鸡场卫生防疫制度 ……………………………… 183

三、蛋鸡场的消毒工作 ………………………………… 184

第二节　蛋鸡场免疫接种和疫病扑灭措施 ……………… **185**

一、免疫的概念 ………………………………………… 185

二、疫苗常用免疫接种方法 …………………………… 186

三、常用疫苗及其免疫方法 …………………………… 187

四、免疫接种注意事项 ………………………………… 189

五、免疫程序 …………………………………………… 189

六、疫病扑灭措施 ……………………………………… 192

第三节　给药途径 ………………………………………… **194**

一、饮水给药 …………………………………………… 194

二、混饲给药 …………………………………………… 194

三、气雾给药 ………………………………………………………… 195

四、口投法 …………………………………………………………… 195

五、滴鼻法 …………………………………………………………… 195

六、嗉囊注射法 ……………………………………………………… 195

七、肌内注射法 ……………………………………………………… 195

八、静脉注射法 ……………………………………………………… 196

第四节　蛋鸡常见病的防治 ………………………………………… **196**

一、病毒性传染病 …………………………………………………… 196

二、细菌性与真菌性传染病 ………………………………………… 210

三、寄生虫病 ………………………………………………………… 221

四、营养代谢性疾病 ………………………………………………… 223

五、普通病 …………………………………………………………… 229

参考文献 …………………………………………………………… **236**

第一章 中国蛋鸡产业现状及发展思路

一、中国蛋鸡产业发展概况

（一）中国蛋鸡产业发展历程

我国蛋鸡产业虽然起步较晚，但是发展迅猛，现阶段已经逐步进入自我整合期。回顾我国蛋鸡产业的发展，主要经历了以下四个发展阶段：第一阶段为发展起步期（20 世纪 70 年代末至 80 年代中期），这一阶段我国的鸡蛋产量显著增加，并超越美国居于世界首位；第二阶段为快速增长期（20 世纪 80 年代中后期至 90 年代中期），这一阶段我国鸡蛋产量快速增长，1996 年超过 1500 万吨，占世界总产量的 35% 左右；第三阶段为平稳增长期（20 世纪 90 年代中期至 2002 年），这一阶段我国蛋鸡产业发展稳定，鸡蛋产量呈平稳增长趋势；第四阶段为自我整合期（2002 年至今），这一阶段我国蛋鸡产业发展较快，蛋鸡饲养品种、饲养规模、种鸡质量、相关政策等多方面发生了巨大的变化，加之连续几年的流感疫情影响，更加促进了蛋鸡产业的内部整合，并且鸡蛋产量在世界范围内遥遥领先，2016 年我国鸡蛋产量约为美国的 4.5 倍、印度的 6.5 倍，占全球鸡蛋总产量的 38%。

（二）近年来中国蛋鸡生产和鸡蛋消费情况

1. 中国蛋鸡生产情况

（1）祖代蛋鸡生产情况　饲养祖代蛋种鸡的企业，2015 年我国有 19 家，2016 年减少了 4 家，2017 年维持在 15 家。祖代蛋雏鸡方面，2016 年我国新增祖代蛋雏鸡数量达 74.68 万套，同比增长 43.53%，见表 1-1。2017 年 1～5 月，共计新增祖代蛋雏鸡 15.59 万套。

表 1-1 　2011～2016 年中国祖代蛋雏鸡供给量[①] 　　　　　单位：万套

年份	进口量	产量	供给量[②]
2011	24.39	36.50	60.89
2012	25.11	29.69	54.80
2013	29.18	34.26	63.44
2014	19.83	36.13	55.96
2015	6.78	45.25	52.03
2016	23.99	50.69	74.68

① 数据来源："农业部种畜禽监测项目"监测数据。
② 供给量为进口量和产量之和。

祖代蛋种鸡方面，2016 年我国祖代蛋种鸡平均存栏量约 60.09 万套，同比增长 0.7%，全年波动幅度较小，见图 1-1；2017 年 1～5 月，在产祖代蛋种鸡平均存栏量约 65.03 万套，同比增长 2.43%，走势与上年同期趋同。中国畜牧业协会禽业分会监测的祖代蛋种鸡生产情况显示，随着国外流感疫情的变化，供种的国家也随之改变，2017 年我国引种总量同比持平或略有下降，全年在产祖代蛋种鸡饲养量接近 70 万套，继续维持过剩的局面。

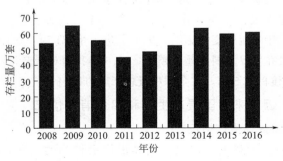

图 1-1 　2008～2016 年中国祖代蛋种鸡年平均存栏量

（2）父母代蛋种鸡生产情况　中国畜牧业协会禽业分会监测数据显示，我国在产父母代蛋种鸡存栏量，2015 年 1～12 月基本上持续下降，由 1950 万套降至 1405 万套，2016 年 1～12 月总体上相对较为稳定，年均存栏量维持在 1440 万套左右，相比 2015 年（1734 万套）下降 294 万套，降幅为 16.96%，见图 1-2；2017 年1～5 月，年均存栏量基本稳定在 1405.46 万套。

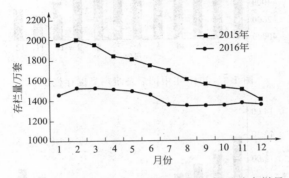

图 1-2　2015～2016 年中国在产父母代蛋种鸡存栏量

（3）后备蛋鸡生产情况　据中国畜牧业协会禽业分会监测数据，2016 年我国后备蛋鸡平均存栏量呈现先上升后下降的趋势，且下降明显，1～12 月由 5.03 亿只快速降至 4.35 亿只，年均存栏量为 4.93 亿只，见图1-3。蛋鸡的补栏量既与养殖盈利状况有关，也与蛋鸡的总笼位数量相关，存在刚性需求的一面。

（4）商品代蛋鸡生产情况　2016 年，我国蛋鸡单产为17.39kg/只，鸡蛋年产量达 2200 万吨，淘汰鸡的数量为 13.55亿只。中国畜牧业协会禽业分会监测数据显示，2016 年我国商品代蛋鸡存栏量呈现先下降后上升的趋势，年均存栏量为12.64 亿只，同比上升 3.35%，再创新高，见图 1-4。商品代蛋鸡平均存栏量的增加与当时蛋周期的表现密切相关，2014 年3 月以来鸡蛋价格的上升是引发 2016 年商品代蛋鸡补栏热潮的主要原因。

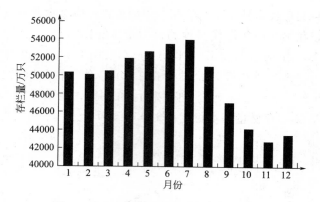

图 1-3　2016 年中国后备蛋鸡月度存栏量

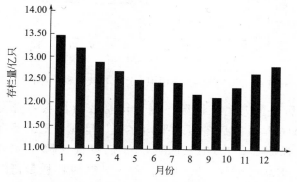

图 1-4　2016 年中国商品代蛋鸡月度存栏量

　　据《2016 年畜牧业发展形势及 2017 年展望报告》，我国商品代蛋鸡存栏量在 2017 年上半年达到近 4 年的高峰，鸡蛋产量同比增加 8% 以上，导致随后一段时期鸡蛋价格处于持续低迷状态。虽然 2016 年下半年养殖户补栏积极性略减，加之同期产蛋鸡存栏基数较大，导致 2017 年下半年蛋鸡存栏量呈下降趋势，但仍高于前 3 年同期水平。

2. 中国鸡蛋消费情况

　　鸡蛋是我国居民饮食中非常重要的部分，一方面由于鸡蛋自身具有优良的特性——廉价的优质蛋白，另一方面与我国传统的饮食习惯密切相关。随着我国经济的发展和人口的增长，在鸡蛋产量稳步增长的同时鸡蛋的消费量亦有显著增加。在我国鸡蛋的总产量中，用于出口的约占 4%，储运损失约占 4%，用于加工及其他用途的约占 2%，共计 10% 左右。目前，我国的人均鸡蛋占有量大约为 17.8kg，按照人口和鸡蛋产量比例换算，相当于中国以约占世界 21% 的人口，生产并消费着约占世界 38% 的鸡蛋，我国的人均鸡蛋消费量约为世界平均水平的 1.7 倍。

（三）中国蛋鸡产业面临的挑战

1. 产能过剩

目前，产能过剩是我国蛋鸡产业面临的最大挑战，其形成主要有三方面原因：一是 2016 年我国在产祖代种鸡存栏量约 60.09 万套，据中国畜牧业协会禽业分会推算，与市场需求相匹配的在产祖代种鸡存栏量约为 36 万套，在产祖代种鸡多则父母代种鸡多，必然导致商品代蛋鸡存栏量增加；二是 2014 年我国蛋鸡主产区鸡蛋价格涨至 8.84 元/kg，比之前的历史最高纪录（7.82 元/kg）高13.04%，致使对市场价格较为敏感的各主体纷纷涌入蛋鸡行业；三是鸡病防治技术日趋成熟，蛋鸡存活率相较之前大大提升，存栏量也随之增加。此外，饲料原料价格的降低大大减少了蛋鸡养殖成本，也促使了蛋鸡存栏量的增加。

2. 疫病的影响

2017 年 H7N9 型禽流感给家禽行业带来了巨大冲击，其中对蛋鸡产业的影响较为严重。2017 年 1 月以来，人感染 H7N9 型禽流感的病例有所增加，一些地方政府采取谨慎措施，如关闭活禽市场、限制活禽消费等，使家禽行业遭受了巨大的损失，大量的禽肉、禽蛋滞销，大量的养鸡场关闭。据中国畜牧业协会禽业分会的调查数据，47.95% 的养殖户认为 2017 年的 H7N9 型禽流感威胁到了企业的生存。2017 年 1～5 月，家禽行业损失主要集中在商品蛋鸡，总金额达到 555.13 亿元，其中蛋鸡饲养经济损失达 234.76亿元。

二、中国蛋鸡产业发展思路

借鉴美国、加拿大、日本及欧盟国家蛋鸡产业的发展经验，结合我国国情，提出如下关于促进我国蛋鸡产业发展的思路：

1. 加强生产者合作组织建设，提高蛋鸡产业的组织化管理水平

蛋鸡养殖个体由于知识能力有限，难以及时掌握先进的养殖技术和最新的法律规范，无法独自应对各种发展难题和挑战，可依靠蛋鸡生产者合作组织的规范化和组织能力的提高来提升蛋鸡养殖者的应对、协调能力。即借鉴美国和加拿大等的相关经验，立足中国蛋鸡产业实际，成立与蛋鸡生产者联合会和蛋鸡养殖者组织功能类似的蛋鸡生产者合作组织，以使蛋鸡生产者共同应对蛋鸡产业出现的市场波动、流感疫情、环保问题、产能过剩等挑战，而且也利于产业标准化的建立和推广。

2. 加大科技创新和推广力度，提高中国蛋鸡产业科技含量

科技是第一生产力，应依靠科技创新和推广提升我国蛋鸡产业发展水平。加大科技创新和推广力度主要表现在以下几方面：一是促进蛋鸡产业的规模化和产业化，培育龙头企业，加强高效养殖等综合配套技术的研发和推广；二是加大对分子育种技术的研究，培育出我国自己的优良种鸡品种，以美国为例，其海兰国际公司通过种鸡优良品种的培育，不仅在国内占据较大的市场份额，在国际市场也因其种鸡品种优良获得较大收益；三是加大对生物疫病防治的研究，加快研制新疫苗、新药剂，推广快速诊断等技术，以及时控制疫病蔓延；四是加强鸡蛋保鲜与深加工技术的研发，重点研发鸡蛋保鲜、深加工和长距离运输等技术，大力提高鸡蛋加工产品的多样性与卫生安全质量。

3. 提高蛋鸡产品的深加工水平，提高产业的市场竞争力

我国是世界上人口第一大国，消费潜力巨大，随着居民消费水平的日益提升，居民需求趋于多样化，可通过提升蛋鸡产品的深加工水平来拓宽市场、扩大消费。我国蛋鸡产品加工企业应加大科技

现代蛋鸡养殖关键技术精解

创新，积极推广应用新技术，研发新加工产品，延伸蛋鸡产品特性，扩大蛋鸡产品使用范围。在满足人们多样化需求的同时，也可延长产业链，提高蛋鸡产品附加值，提升产业竞争力。同时，政府和各类组织应积极宣传蛋鸡产品的营养价值，引导人们正确消费蛋鸡产品。

4. 完善相关法律法规体系，保障蛋鸡产业的持续健康发展

通过制定和完善相关法律法规进一步规范蛋鸡生产，保证蛋品的质量安全，从而提高我国蛋鸡产业的标准化水平。随着居民生活水平的不断提高，对蛋品提出了更高的要求，蛋鸡产业的标准化也成为产业发展的必然趋势。完善的法律法规既规范了养殖者的行为，也能够满足消费者对高品质蛋品的需求，更好地规范、指导产业的发展。

第二章　笼养蛋鸡的常见品种

目前世界上已知鸡的品种有 2000 多个，而且每个品种有好几个变种。不同的品种反映出不同的体质类型、外部形态、内部结构、生产性能和经济用途。为了便于研究和应用，人们常将鸡的品种加以划分。蛋鸡品种分标准品种、我国主要地方品种、现代鸡种。目前大多数养殖户选用的是现代鸡种，主要是由于现代鸡种具有良好的生产性能和稳定的遗传性能。有部分养殖户根据市场对绿色鸡蛋的需求，饲养我国优良的地方品种。蛋鸡根据蛋壳颜色不同可分为褐壳蛋鸡、白壳蛋鸡、粉壳蛋鸡和绿壳蛋鸡等品种。

第一节　褐壳蛋鸡

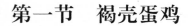

褐壳蛋鸡主要是由洛岛红、洛岛白和白洛克品种选育而来。以洛岛红作为父系，洛岛白或白洛克作为母系，并利用伴性羽色基因，即金黄羽和银白羽基因进行自别雌雄，生产自别雌雄的褐壳蛋鸡配套系。近年来，通过育种公司的努力，对褐壳蛋鸡产蛋性能的选育提高十分迅速，已接近或达到白壳蛋鸡的生产性能。当今褐壳蛋鸡的配套组合较多，在市场上占的比例越来越大。该类型鸡属中型蛋鸡，总蛋重水平较高，生产效益明显。褐壳蛋鸡一般有二系、三系和四系配套，供种均以四系配套居多。采用羽色自别雌雄或羽速和羽色结合的双自别雌雄体系，祖代到父母代采用羽速自别雌雄，父母代到商品代采用羽色自别雌雄。

褐壳蛋鸡的特点：体型、体重较大，蛋重大；性情温驯，对应激因素的敏感性较低，好管理；耐寒性好，冬季产蛋率较平稳；啄癖少，因而死亡率、淘汰率较低；商品代雏鸡可以羽色自别雌雄，金色绒羽为母雏，银色绒羽为公雏。但褐壳蛋鸡体型大，因而饲养密度低；采食量大，有偏肥的倾向，饲养中注意勿过肥，以免影响产蛋性能；蛋中血斑和肉斑率高，影响蛋品质。

一、伊莎褐蛋鸡

1. 产地

伊莎褐蛋鸡是法国伊莎公司育成的四系配套杂交鸡，是目前国际上最优秀的高产褐壳蛋鸡之一。伊莎褐蛋鸡父本两系为红褐色，母本两系均为白色，商品代雏鸡可用羽色自别雌雄：公雏白色，母雏褐色。

2. 商品代生产性能

0～20 周龄育成率 97%～98%；20 周龄体重 1.6kg；23 周龄达 50% 产蛋率，25 周龄母鸡进入产蛋高峰期，高峰期产蛋率 93%；76 周龄入舍鸡产蛋量 292 枚，饲养日产蛋量 302 枚，平均蛋重 62.5g，总蛋重 18.2kg，每千克蛋耗料 2.4～2.5kg；产蛋期末母鸡体重 2.25kg；产蛋期成活率 93%。

二、海兰褐蛋鸡

1. 产地

海兰褐蛋鸡是美国海兰国际公司培育的四系配套优良蛋鸡品种。我国从 20 世纪 80 年代开始引进，目前在全国有多个祖代或父母代种鸡场，是褐壳蛋鸡中饲养较多的品种之一。

海兰褐蛋鸡的商品代初生雏，母雏全身红色，公雏全身白色，可以自别雌雄。但由于母本是合成系，商品代中红色绒毛母雏中有少数个体在背部带有深褐色条纹，白色绒毛公雏中有部分在背部带有浅褐色条纹。商品代母鸡在成年后，全身羽毛基本（整体上）呈红色，尾部上端大都带有少许白色。该鸡的头部较为紧凑，单冠，耳叶红色，也有带部分白色的；皮肤、喙和胫黄色，体格结实，基本呈元宝形。

2. 商品代生产性能

0～17周龄成活率为96%～98%；17周龄平均体重1.48kg；0～17周龄饲料消耗量为6kg；50%产蛋率日龄为146日龄，高峰期产蛋率94%～96%；入舍母鸡产蛋数至60周龄时为246枚，至74周龄时317枚，至80周龄时344枚；19～80周龄每只鸡日平均耗料114g；21～74周龄每千克蛋耗料2.11kg；72周龄体重为2.25kg。

三、罗曼褐蛋鸡

1. 产地

罗曼褐蛋鸡是德国罗曼家禽育种公司培育的四系配套优良蛋鸡品种，羽色为红褐色，可根据羽色自别雌雄。其特点为生长发育快、性成熟早、产蛋性能优良，饲料报酬高，适应性强，适合各地集约化、工厂化蛋鸡生产和农村专业户养殖。

2. 商品代生产性能

0～20周龄育成率97%～98%，50%产蛋率日龄为152～158日龄；0～20周龄总耗料量为7.4～7.8kg，20周龄体重1.5～1.6kg，高峰期产蛋率90%～93%；72周龄入舍鸡产蛋量285～295枚，12月龄平均蛋重64g，每千克蛋耗料2.3～2.4kg，产蛋期末体重2.2～2.4kg，产蛋期成活率94%～96%。

四、海赛克斯褐壳蛋鸡

1. 产地

海赛克斯褐壳蛋鸡是荷兰尤利公司培育的优良蛋鸡品种，是我国褐壳蛋鸡中饲养较多的品种之一，具有耗料少、产蛋多和成活率高的优良特点。海赛克斯褐壳蛋鸡体型偏大，耐热性较差，不太适宜在热带地区饲养。

2. 商品代生产性能

0~17 周龄成活率 97%，17 周龄体重 1.4kg，每只鸡耗料量 5.7kg；产蛋期 20~78 周龄，50%产蛋率日龄为 145 日龄；入舍母鸡产蛋数 324 枚，产蛋量 20.4kg，平均蛋重 63.2g；每千克蛋耗料 2.24kg；产蛋期成活率 94.2%；140 日龄后中鸡日平均耗料 116g；产蛋期末母鸡体重 2.1kg。

3. 类型

商品代分 3 种类型，可根据羽色自别雌雄：

类型 1：母雏为均匀的褐色；公雏为均匀的黄白色。此类占总数的 90%。

类型 2：母雏主要为褐色，但在背部有白色条纹；公雏主要为白色，但在背部有褐色条纹。此类占总数的 8%。

类型 3：母雏主要为白色，但头部为红褐色；公雏主要为白色，但背部有 4 条褐色窄条纹，条纹的轮廓有时清晰，有时模糊。此类占总数的 2%。

第二节　粉壳蛋鸡

粉壳蛋鸡是由洛岛红品种与白来航品种正交或反交所产生的杂种鸡，其蛋壳颜色介于褐壳蛋与白壳蛋之间，呈浅褐色，严格地说属于褐壳蛋，但国内群众都称其为粉壳蛋，也就约定成俗了。其羽色以白色为背景，有黄、黑、灰等杂色羽斑，与褐壳蛋鸡又不相同。因此，就将其分成粉壳蛋鸡一类。

一、星杂 444

1. 产地

星杂 444 是加拿大雪佛公司育成的三系配套杂交鸡，可根据羽色自别雌雄。

2. 商品代生产性能

72 周龄产蛋量 265~280 枚，平均蛋重 61~63g，每千克蛋耗料 2.45～2.7kg，产蛋期成活率 91.3％～92.7％。

二、尼克珊瑚

1. 产地

尼克珊瑚粉壳蛋鸡是德国罗曼公司尼克子公司培育的粉红壳蛋鸡，这种蛋鸡拥有较高的生产性能、良好的成活率和饲料转化率以及优秀的蛋壳质量和蛋重。

2. 商品代生产性能

育成率 96％～98％，平均蛋重 60～63g，料蛋比（2.1～2.3）：1，18 周龄体重 1.35kg，产蛋期成活率 91％～94％，平均开产日龄 154 日龄，500 日龄产蛋量 285 枚。

三、海兰灰

1. 产地

海兰灰粉壳蛋鸡是我国从美国海兰国际公司引进的粉壳蛋鸡商业配套系鸡种。在 2001～2004 年，海兰灰在粉壳蛋鸡市场上一枝独秀，无论是生产性能，还是饲养管理要求都符合我国国情，市场占有率非常高。

2. 商品代生产性能

0～18 周龄母鸡成活率≥95％，18 周龄母鸡体重 1.27kg，1～20 周龄每只入舍鸡累计饲料消耗 5.66kg，18～65 周龄成活率≥96％，60 周龄体重 1.69kg，50％产蛋率日龄为 149 日龄，高峰期产蛋率 93％，18～65 周龄入舍鸡产蛋数 252 枚。

四、罗曼粉

1. 产地

罗曼粉壳蛋鸡是德国罗曼家禽育种公司选育的优良蛋鸡，因这种鸡所产鸡蛋蛋壳为粉色，故而得名罗曼粉。在长期生产过程中，为了满足广大消费者的需要，又衍生出了小蛋型罗曼粉鸡种。罗曼粉具有体态均匀、开产早、产蛋率高、产蛋持续期长、无啄癖、抗病力强、蛋壳颜色一致等特点。而小蛋型罗曼粉与罗曼粉相比，产蛋率更高，抗病力更强，耗料更少，蛋重更小。

2. 商品代生产性能

罗曼粉和小蛋型罗曼粉的商品代生产性能见表2-1。

表 2-1　罗曼粉和小蛋型罗曼粉商品代生产性能

生产性能指标	罗曼粉	小蛋型罗曼粉
50%产蛋率日龄/日龄	130～145	130～140
高峰期产蛋率/%	95～98	96～98
年产蛋数/枚	300～320	310～330
年产蛋总重/kg	18.7～20.7	18.7～20.7
平均蛋重/g	62.5～64	60.5～62.5
1～20周龄饲料消耗量/kg	7.2～7.6	7.0～7.4
产蛋期耗料/[g/(只·日)]	110～120	105～110
料蛋比	2.05∶1	2.0∶1
20周龄体重/kg	1.45～1.55	1.4～1.5
产蛋期末体重/kg	2.0～2.1	1.8～1.9
育成期存活率/%	97～98	97～98
产蛋期存活率/%	94～96	95～96

五、京粉1号

1. 产地

京粉1号是由北京市华都峪口禽业有限责任公司培育的优良蛋鸡配套系，2009年2月通过农业部家畜遗传资源委员会审定。该品种抗病力强，适应我国较粗放的养殖环境，采食量少，商品代90%以上产蛋率可维持9个月以上，受到广大养殖户的欢迎。

2. 商品代生产性能

京粉1号商品代生产性能见表2-2。

表 2-2　京粉 1 号商品代生产性能

生产性能指标	数值
0～18 周龄成活率/%	95～97
18 周龄母鸡平均体重/g	1220
50%产蛋率日龄/日龄	138～146
18～68 周龄母鸡成活率/%	92～95
入舍母鸡 68 周龄产蛋数/枚	270～280
68 周龄母鸡体重/g	1600
高峰期料蛋比	（2.0～2.1）：1

六、农大粉 3 号

1. 产地

农大粉 3 号粉壳蛋鸡是由中国农业大学培育的优良蛋鸡配套系。

2. 商品代生产性能

0～120 日龄育雏育成期成活率 96%以上，产蛋期成活率 95%以上，50%产蛋率日龄 145～155 日龄，72 周龄入舍鸡产蛋数 282枚，平均蛋重 53～58g，24～25 周龄达产蛋高峰，高峰期产蛋率94%以上，120 日龄母鸡体重 1.2kg，成年体重 1.55kg，育雏育成期耗料 5.5kg，产蛋期平均日耗料 89g，产蛋高峰期日耗料 94g，料蛋比（2.0～2.1）：1。

七、新杨粉壳蛋鸡

1. 产地

新杨粉壳蛋鸡是由国家家禽工程技术研究中心主持选育的蛋鸡新配套系。该配套系是在新杨家禽育种中心原种鸡场纯系蛋鸡品系资源的基础上，运用数量遗传学和分子数量遗传学的理论，借助常规育种技术和现代育种新技术相结合的育种方法，以国内蛋鸡优良

现代蛋鸡养殖关键技术精解

品种的市场需求为导向，经过三年时间选育而成的蛋鸡新配套系。该鸡种特点为红色，单冠，花羽，产粉壳蛋。

2. 商品代生产性能

成活率 96%～98%；整个阶段饲料利用消耗 5.7～6.4kg；18 周龄体重 1.59kg；50%产蛋率日龄 143～150 日龄；入舍鸡至 60 周龄产蛋数 249 枚，至 74 周龄产蛋数 298 枚，至 74 周龄蛋重 18.6kg；饲养日产蛋数至 60 周龄 259 枚，至 74 周龄 310 枚，至 74 周龄成活率 92%；平均蛋重 63.3g；平均日耗料 112g/只；每千克蛋消耗饲料 2.15kg。

第三节 白壳蛋鸡

一、迪卡白鸡

1. 产地

迪卡白鸡由美国迪卡家禽育种公司育成。

2. 商品代生产性能

迪卡白鸡的生产性能特点可概括为"四高"。一是产量高。入舍母鸡 72 周龄产蛋 293 枚、18.0kg，80 周龄产蛋 330 枚、20.5kg。二是饲料转化率高。育成期耗料量仅为 6kg，至 60 周龄、72 周龄和 78 周龄时的料蛋比分别为 2.14：1、2.17：1 和 2.19：1。三是商品价值高。19 周龄就进入产蛋期；达 50%产蛋率日龄仅为 146 日龄，达 90%产蛋率日龄仅为 175 日龄，高峰期产蛋率达 94%以上，维持 80%以上产蛋率可达 252 天以上；初产第一周蛋重即达 45.4g，32 周龄平均蛋重 58.5g，70 周龄平均蛋重 65.6g。四是优级蛋比例高。

二、罗曼白

1. 产地

罗曼白是由德国罗曼家禽育种公司育成的两系配套杂交鸡。

2. 商品代生产性能

罗曼白由于其产蛋量高、蛋重大而受到人们的青睐。据罗曼家禽育种公司的资料，罗曼白商品代生产性能指标：0～20周龄育成率96%～98%；20周龄体重1.3～1.35kg；150～155日龄达50%产蛋率，高峰期产蛋率92%～94%；72周龄产蛋量290～300枚，平均蛋重62～63g，总蛋重18～19kg，每千克蛋耗料2.3～2.4kg；产蛋期末体重1.75～1.85kg；产蛋期成活率94%～96%。目前，河南华罗家禽育种有限公司已引进罗曼白鸡的父母代。

三、京白鸡

1. 产地

京白鸡是由北京市种禽公司在引进国外鸡种（来航）的基础上选育成的优良蛋用型鸡。

2. 商品代生产性能

京白鸡具有体型小、耗料少、产蛋多、适应性强、遗传性稳定等特点。目前，配套系是北京白鸡938，根据羽速鉴别雌雄。其主要生产性能指标是：0～20周龄成活率94%～98%，21～72周龄成活率90%～93%，72周龄日产蛋300枚，平均蛋重59.42g，料蛋比（2.23～2.32）:1。

第四节　绿壳蛋鸡

一、新江汉绿壳鸡

1. 产地

新江汉绿壳鸡由湖北省三益家禽育种有限公司育成。

2. 商品代生产性能

开产早，自别雌雄，全身乌黑，具有黑羽、黑皮等"五黑"特征，成年鸡体重1.3～1.4kg，126～140日龄开产，500日龄产蛋220～230枚，蛋重46g，蛋壳绿色，高峰期产蛋率85%。

二、新杨绿壳蛋鸡

1. 产地

新杨绿壳蛋鸡由上海新杨家禽育种中心培育。父系来自我国经过高度选育的地方品种，母系来自国外引进的高产白壳或粉壳蛋鸡，经配合力测定后杂交培育而成，以重点突出产蛋性能为主要育种目标。

2. 商品代生产性能

商品代母鸡羽毛白色，但多数鸡身上带有黑斑；单冠，冠、耳叶多数为红色，少数黑色；60%左右的母鸡青脚、青喙，其余为黄脚、黄喙；140 日龄开产（产蛋率 5%），达 50% 产蛋率的日龄为 162 日龄；开产体重 1.0～1.1kg，500 日龄入舍母鸡产蛋量达 230 枚，平均蛋重 50g，蛋壳颜色基本一致，大群饲养鸡群绿壳蛋占比 70%～75%。

三、三凤青壳蛋鸡

1. 产地

三凤青壳蛋鸡由江苏省畜禽所培育。

2. 商品代生产性能

羽毛红褐色，成年鸡体重 1.75～2kg，纯系 500 日龄产蛋 190～205 枚，商品代 500 日龄产蛋 240～250 枚，蛋重 50～55g，蛋壳青绿色，料蛋比 2.3：1。

第三章 蛋鸡的营养需要与日粮配制

日粮是蛋鸡生活和生产的物质基础，而饲料是各种营养物质的载体，含有蛋鸡所需的各种营养素。但单一饲料所含营养素的数量与比例都不能满足蛋鸡的需要，必须在了解和掌握各种饲料特点的基础上，根据蛋鸡生理与生产的特点、营养需求，科学地选择和配制日粮，才能取得较好的饲养效果。

第一节 蛋鸡的营养需要特点

蛋鸡为了满足自身的正常生长发育、生产和繁殖，就必须从饲料中获得营养物质。这些营养物质包括能量、蛋白质、矿物质、维生素和水等。

一、能量

蛋鸡的一切生理活动，包括运动、呼吸、血液循环、排泄、神经活动、繁殖、体温调节等都需要能量。饲料中能量水平太高，蛋鸡会将多余的能量转化为脂肪，储存于体内，从而引起育成鸡过早成熟，出现提前产蛋、提前停产现象（早产早衰）；而成鸡脂肪包围卵巢，轻者产蛋量下降，重者出现停产现象。相反，饲料中能量水平不能满足蛋鸡的需要，雏鸡逐渐消瘦，体重减轻，生长发育受阻，抵抗力降低；而成鸡体重下降，产蛋量减少，蛋变小。

1. 能量来源

蛋鸡的能量需要一般采用代谢能表示，蛋鸡所需要的能量主要来源于饲料中的糖类（又称碳水化合物）和脂肪，饲料中过剩的蛋白质也会分解产生能量。这三类物质所含的能值（即1g纯的碳水化合物、蛋白质和脂肪所能提供的能量）分别为17.5kJ、23.4kJ和39.94kJ，其中脂肪能够提供的能量最多。因此，在配制高能量饲料时，有时需添加一定量的脂肪，如动物油、植物油等。蛋白质饲料是各种饲料中价格较高的一种，因此在考虑饲料能量时，一般并不将其作为供能的主要物质，以降低饲料成本。由此可见，饲料中供能的主要物质是糖类和脂肪。

各种谷实类饲料中都含有丰富的碳水化合物，特别是玉米。蛋鸡对纤维素的消化能力低，日粮中纤维素不可太多，太多不利于其他营养物质的消化吸收；但也不能太少，否则容易发生蛋鸡食羽、啄肛等不良现象。一般日粮中纤维素含量应在2.5%～5.0%。

脂肪是高能量物质，是供给机体能量和储备能量的最好形式，它在体内氧化时释放出的能量是同一质量糖类或蛋白质的2.25倍；脂肪也是脂溶性维生素的溶剂；脂肪还可以提供必需脂肪酸——亚油酸。饲料中脂肪含量过高或过低对蛋鸡都不利。脂肪含量过高，会使蛋鸡食欲不振，采食量下降，消化不良，下痢；相反，脂肪含量不足会妨碍脂溶性维生素的输送和吸收，使蛋鸡生长受阻、脱毛、产蛋减少、蛋变小等。

当机体内供给能量的碳水化合物和脂肪不足时，多余的蛋白质就会分解氧化补充不足的能量。但是，用蛋白质作能量，经济效益降低，而且易使蛋鸡患病。

2. 饲料的能量代谢

蛋鸡吃进的饲料中所含的能量称总能（GE），是指饲料中各种有机物质经完全氧化后产生水、二氧化碳和其他气体等氧化产物所释放出的能量，可借助一种叫氧弹测热器的仪器测出。在鸡体内总能并不能完全被利用，这是因为饲料中含有一些不能为机体所消化的物质，如纤维素、半纤维素等，这些物质会以粪便的形式排出体外。蛋鸡消化吸收的营养物质中所含的能量称为消化能（DE），为总能减去粪能后余下的部分。蛋鸡消化吸收的营养物质中的能量也并未全部用于维持机体代谢，即蛋鸡消化吸收的营养物质中的能量在体内并未完全被利用，这些未被利用的能量主要存在于一些含氮代谢产物（如尿酸）中，消化能除去随尿排出的物质所含的能量称为代谢能（ME）。在蛋鸡的饲养及饲料配制中，一般使用代谢能这一指标，因为蛋鸡的粪、尿是一起排出的，较难分开测量。如果更细致一些分析，代谢能也并未完全被鸡体所利用，其中还有一部分是在消化活动中及养分代谢过程中产生的热损耗，这一部分热损耗叫热增耗（HI），它们以升高鸡体温的形式被散发在鸡体周围的空气中，实际中会观察到蛋鸡刚吃过饲料后体温略有升高。代谢能扣除热增耗后的剩余部分被称为净能（NE），净能是可以为鸡体完全利用的能量，又分为两部分，即维持净能（NEm）和生产净能（NEp），前者用于维持鸡体的正常生理活动，后者用于产蛋、生长等生产过程。综上所述，蛋鸡吃入饲料后，所吃进的饲料中含有的能量在体内有一个转化过程。

3. 影响能量需要的主要因素

（1）环境温度 环境温度对蛋鸡能量需要的影响最大。环境温度低，蛋鸡需要的维持能就多；夏季高温时，蛋鸡对能量的需要量降低，采食量下降，从而对蛋白质的摄取量达不到需要量，这就是夏季蛋鸡生产水平降低的原因。所以在蛋鸡的饲养过程中，一定要给予适宜的环境温度。

（2）鸡的品种类型 一般肉用仔鸡需要的能量高于蛋鸡，幼雏鸡及产蛋鸡高于青年鸡。

（3）饲养方式 平养鸡比笼养鸡所需能量高。

（4）体重 蛋鸡的体重不同，所需能量也不同。体重大的蛋鸡所需能量多，体重小的蛋鸡需要的能量少。所以，饲养蛋鸡最好饲养成年体重小的蛋鸡（轻型蛋鸡）。

（5）生产水平　生产水平不同，蛋鸡的能量需要量也不同。产蛋率越低，消耗在维持需要上的能量就越大。所以要饲养高产品种。

二、蛋白质

蛋白质是蛋鸡生命的基础。机体的一切组织、器官以及体内各种酶、激素、抗体等主要是由蛋白质组成的。如果蛋白质缺乏，生长鸡的生长缓慢，体重减轻，羽毛干枯，抵抗力下降；成年蛋鸡所产的蛋变小，产蛋量降低。相反，多余的蛋白质转化为能量，从而造成蛋白质浪费，饲料成本提高。蛋白质严重超标时，蛋鸡会出现蛋白质中毒症（即鸡痛风），主要症状为蛋鸡排出大量白色稀粪，并出现死亡现象，解剖见腹腔内沉积大量尿酸盐。在生产实践中，既要避免蛋白质不足，又要防止蛋白质过量。

蛋白质的营养价值不能用碳水化合物或脂肪等营养物质来代替。饲料中蛋白质的含量一般是指粗蛋白质的含量。蛋白质由20多种氨基酸组成，其中一部分氨基酸必须由饲料提供，称为必需氨基酸，另一部分氨基酸机体内可以合成，称为非必需氨基酸。实际上，蛋白质营养就是氨基酸营养。成鸡的必需氨基酸有蛋氨酸、赖氨酸、组氨酸、色氨酸、异亮氨酸、苏氨酸、精氨酸、亮氨酸、缬氨酸、苯丙氨酸、酪氨酸、胱氨酸等12种；而雏鸡的必需氨基酸除了这12种外，还包括甘氨酸。必需氨基酸中某一种不足时，就会影响其他氨基酸的消化吸收，所以必须注意氨基酸的平衡。特别要注意蛋氨酸、赖氨酸、色氨酸，鸡体利用其他氨基酸合成蛋白质时，均受它们的限制，所以这些氨基酸又称限制性氨基酸。氨基酸对蛋鸡的营养作用犹如木桶上的木板，生产效果犹如木桶的容水量。如果饲料中缺乏限制性氨基酸，就如同木桶上的木条短缺，而其他的木条再多也无用，生产水平只能停留在最短的一条木板的水平上。蛋白质品质的高低，主要取决于必需氨基酸的种类、含量和比例是否适当。实际生产中，将几种饲料搭配起来使用，必需氨基酸就可以得到相互补充，或在饲料中添加一部分动物性蛋白质饲料

21

或添加一部分人工合成的蛋氨酸和赖氨酸，以保证氨基酸的平衡，从而提高蛋白质的利用率。

蛋鸡对蛋白质的需要量取决于蛋鸡的种类、日龄和生产性能。确定蛋鸡蛋白质的需要量时，首先要确定日粮中能量的水平，因为能量水平决定蛋鸡的采食量。假如日粮中蛋白质水平不变，能量高，采食量就少，蛋鸡获得的蛋白质就少；能量低，采食量就多，蛋鸡获得的蛋白质就多。一般饲料中代谢能每增加418kJ，采食量就减少3.0%～3.5%，所以，饲料中能量和蛋白质应有一定比例。

肉用仔鸡和蛋雏鸡阶段增重较快，且增重部分蛋白质含量高，所以对蛋白质的需求量大，且质量要高，氨基酸要平衡；青年鸡的饲料中蛋白质含量可适当降低；成年产蛋鸡从初产到产蛋高峰对蛋白质的需要量最大，产蛋高峰过后2周，随产蛋量的降低饲料中蛋白质的含量也相应降低。

三、矿物质

矿物质主要存在于蛋鸡的骨骼、组织和器官中。蛋鸡所需要的矿物质元素主要有钙、磷、钠、氯、硫、镁、钾、铜、铁、锰、锌、碘、硒等。它们的主要作用是调节渗透压，保持酸碱平衡，同时也是骨骼、蛋壳、血红蛋白、甲状腺激素的重要成分。所以矿物质是蛋鸡饲料中必需的营养物质。

饲料中矿物质元素过量或不足，都会影响蛋鸡的生长和产蛋，甚至出现代谢性疾病，因此，要适量供给。一般情况下，如果蛋鸡在地面上饲养，饲料中只添加钙、磷、钠、钾等，其他元素不易缺乏；如果是笼养、网上平养或水泥地面饲养，必须按需要量添加。

1. 钙和磷

钙和磷是蛋鸡需要量最多的两种矿物质元素，它们是构成骨骼的主要成分，钙还是构成蛋壳的主要成分。

如果饲料中缺钙，则雏鸡生长发育不良，易患软骨病，而成鸡产蛋量减少，蛋壳变薄甚至无壳，破蛋率增加。在养鸡实践中，也有因为强调钙的重要性而出现钙过多的现象。饲料中钙过多，不但影响雏鸡的生长，而且影响雏鸡对磷、镁、锰及锌的吸收利用；蛋鸡的采食量减少；蛋壳上有白垩状沉积，两端粗糙，可能是蛋鸡饲料中钙过量的结果。一般生长期蛋鸡饲料中钙量不应超过0.8%～1.0%。

如果饲料中缺乏磷，蛋鸡生长缓慢，食欲减退，易出现异食癖，如啄毛、啄肛、啄趾等，产蛋量下降，严重时出现关节硬化，骨骼易碎。但太多又易造成骨组织营养不良，蛋壳质量变坏，破蛋率增加。由于蛋鸡对植酸磷利用率较低，所以饲料中必须补充一部分无机磷，一般占总磷的1/3以上，尤其要注意无鱼粉日粮中磷的补加。一般产蛋鸡日粮中有效磷含量不应超过 0.35%。

在生产实践中，除应注意满足钙和磷的需要外，还要注意钙磷比例。一般情况下，生长鸡日粮钙磷比例以 1.2：1 为宜，允许范围为 （1.1～1.5）：1；产蛋鸡日粮钙磷比例以 4：1 为宜。

2. 钠和氯

钠和氯大部分存在于体液当中，它们具有参与维持细胞外液的渗透压平衡、调节体液容量和维持神经肌肉兴奋性的作用。此外，氯还参与胃酸的形成，以保证胃蛋白酶作用必需的 pH 值。钠和氯一般以添加食盐的形式供给，一般加入 0.4% 的食盐就能满足蛋鸡需要，在计算添加量时一定要考虑到日粮中鱼粉的含盐量。食盐过量，则蛋鸡饮水量增加，易导致拉稀，严重时会出现食盐中毒现象；但也不能添加太少，食盐不足时，蛋鸡食欲下降，消化不良，生长缓慢，且易产生啄羽、啄肛等异食癖。

3. 锰

锰与骨骼的生长和家禽的繁殖有关。蛋鸡对锰的吸收能力较差，所以日粮中必须添加。当日粮中缺锰时，雏鸡骨骼发育不良，易患滑腱症或骨短粗症，运动失调，体重下降，生长受阻；成鸡产蛋量下降，受精率、孵化率下降，蛋壳变薄、变脆。锰过量，则影响钙、磷的吸收。所以在饲料中要适当添加锰盐，如硫酸锰或氧化锰。

4. 锌

锌在鸡体内含量甚微，但分布很广。缺锌时，雏鸡生长受阻，羽毛发育异常，骨质脆弱、易变形，关节大而硬，脚骨短粗，表面呈鳞片样，并有皮炎；产蛋母鸡软壳蛋增多，孵化率降低。饲料中锌过量，可使蛋鸡的生长受阻。

5. 铁和铜

铁主要存在于血红素中，肌红蛋白和一些酶中也少量存在。铜有利于铁的吸收和血红素的形成。日粮中缺铁时，导致蛋鸡发生营养性贫血，生长迟缓，羽毛无光；过量时，蛋鸡采食减少，体重下降，且影响磷的吸收。缺铜时，会引起蛋鸡贫血，骨质疏松，生长受阻，且不利于钙、磷的吸收；铜过量时会引起慢性铜中毒。

6. 硒

硒是谷胱甘肽过氧化物酶的组成部分，起抗氧化作用，与维生素 E 共同保护细胞膜。蛋鸡缺硒时，最主要的症状是渗出性素质、心肌损伤和心包积水；雏鸡缺硒时，腹腔积水，肚子大，腹下皮肤呈蓝绿色；成鸡缺硒时，皮下水肿、出血，肌肉萎缩，肝脏坏死，产蛋率、孵化率降低。日粮中含硒 $1 \sim 2mg/kg$ 时，即可满足蛋鸡的需要。

一般饲料原料中的微量元素含量不作计算，需要量直接用无机盐化合物来补充。但微量元素的添加量不宜过大，一方面避免造成浪费，另一方面防止引起中毒。蛋鸡饲料中微量元素的中毒浓度见表 3-1。

表 3-1　蛋鸡饲料中微量元素的中毒浓度

元素	鸡的阶段	添加化合物形式	中毒浓度/（mg/kg）	对蛋鸡的影响和危害
氯、钠	生长鸡 成年鸡	NaCl（饮水） NaCl（饮水）	7000 10000	生产性能降低，死亡率提高 产蛋量降低
钴	生长鸡	$CoCl_2 \cdot 6H_2O$	200	生产性能降低
铜	生长鸡	$CuSO_4 \cdot 5H_2O$	250～800	生产性能降低，肌胃糜烂，渗出性素质病
碘	产蛋鸡	KI	625	蛋变小，产蛋率和孵化率降低
铁	生长鸡	$Fe_2(SO_4)_3$	4500	佝偻病

元素	鸡的阶段	添加化合物形式	中毒浓度 /(mg/kg)	对蛋鸡的影响和危害
镁	生长鸡 成年鸡	$MgSO_4$ $MgSO_4$	6400 11200～19600	生产性能降低,死亡率增加 产蛋量降低
硒	生长鸡 成年鸡	$NaSeO_3$ $NaSeO_3$	10 5	生产性能降低 孵化率降低
硫	生长鸡 成年鸡	$CaSO_4$ Na_2SO_4	14000 8100	生产性能降低 产蛋量降低
锌	生长鸡	ZnO、$ZnSO_4$	800～3000	生产受阻

四、维生素

蛋鸡对维生素的需要量甚微,但维生素对机体的物质代谢起重要作用。维生素能促进蛋鸡的生长,提高饲料转化率及蛋鸡的繁殖力和免疫力,特别对幼鸡和种鸡更为重要。蛋鸡的饲料中要加入13种维生素,这些维生素可分为两类:一类是脂溶性维生素,包括维生素A、维生素D、维生素E、维生素K等,这类维生素的吸收利用需要脂溶性溶剂,而且能在体内大量储存,饲料中短期缺乏对蛋鸡影响不大;另一类为水溶性维生素,包括B族维生素和维生素C等,这类维生素的吸收利用需要水,而且不在体内储存,主要从饲料中吸收,饲料中短期缺乏可影响蛋鸡的生长和健康,饲料保存不当时极易失效,应特别注意。生产中有些维生素不易缺乏,有些则经常缺乏,最易缺乏的是维生素A、维生素B_2、维生素D_3,而硫胺素、吡哆醇在饲料中含量丰富,维生素C在体内可以合成,蛋鸡只有在应激状态下才会缺乏。

许多维生素存在于青饲料中,不喂添加剂的鸡场,必须保证青饲料的供应。在现代化鸡场,所需维生素均采用添加剂的形式补充。

1. 维生素A

维生素A又称促生长维生素。它可以促进生长,增进食欲,促进食物的消化吸收,提高机体的抵抗能力。维生素A缺乏时,肉鸡和蛋鸡生长受阻，瘦弱，羽毛蓬乱干枯，眼病发生率提高；成鸡产蛋量下降，种蛋的受精率和孵化率降低。所以，一般种鸡饲料维生素A的含量是商品蛋鸡的2～3倍。黄玉米、鱼肝油和胡萝卜中维生素A含量丰富，其余谷物副产品中含量很少，应注意补充。

2. 维生素D

维生素D中以维生素 D_3 的作用最重要。它可以促进钙、磷的吸收，为骨骼正常发育所必需。维生素D缺乏时，雏鸡腿部变形，引起软骨症，易骨折；成鸡产蛋率下降，蛋壳变薄，无壳蛋增加，骨质疏松，极易骨折；种蛋的合格率、受精、孵化率都降低。经常在阳光下散养的鸡群，不易缺乏维生素D。舍内笼养的鸡群一定要在饲料中补加维生素D。鱼肝油和青饲料中维生素D含量丰富。

3. 维生素K

维生素K的作用主要是增强血液的凝固性。缺乏维生素K时，可导致蛋鸡的凝血时间延长，皮下和肌肉间隙有出血现象，雏鸡在颈、翅、腹腔等部位出现大片出血斑点。苜蓿粉、鱼粉中维生素K含量高。

4. 维生素E

维生素E又称生育酚，是一种良好的抗氧化剂。它可以刺激性器官的发育，提高母鸡的产蛋率和公鸡的精子活力。一般肉用仔鸡和种鸡容易缺乏。维生素E缺乏时，肉用仔鸡肌肉营养不良，胸囊肿发生率提高；种鸡种蛋受精率、孵化率降低；雏鸡易发生渗出性素质病和脑软化症。蛋鸡处于逆境时，维生素E需要量增大。因此，在肉用仔鸡、种鸡及雏鸡处于应激状态时，饲料中应以添加剂的形式多添加维生素E。谷物的胚芽中维生素E含量丰富。

5. 胆碱

胆碱参与机体内蛋氨酸的合成。雏鸡对胆碱的需要量较大，缺乏时生长缓慢，易发生曲腱症。胆碱可以预防脂肪肝。鱼粉、豆饼、糠麸类中胆碱含量较多，而玉米中含量较少，所以，在饲喂以玉米为主要原料的饲料时应注意添加胆碱。生产实践中，胆碱常以氯化胆碱的形式添加。

6. 维生素 B₂

维生素 B_2 又称核黄素，是蛋鸡最易缺乏的一种 B 族维生素。缺乏维生素 B_2 时，雏鸡生长受阻，拉稀，腿软，有时走路时关节触地，趾向内侧卷曲；成鸡产蛋量下降，蛋白变稀，种蛋受精率、孵化率均降低。酵母、鱼粉中维生素 B_2 含量丰富，植物性饲料中含量很少，不能满足蛋鸡的生长和生产需要，所以在蛋鸡的饲料配制中，要以添加剂的形式来补充，同时还要注意其有效性。一般日粮中除鱼粉外，几乎不含有维生素 B_2。

7. 维生素 B₁

维生素 B_1 又称硫胺素。它可以刺激蛋鸡的食欲，参与能量的代谢过程。维生素 B_1 缺乏时，蛋鸡食欲减退，肌肉痉挛，两腿无力，出现多发性神经炎；雏鸡出现头向后仰的神经症状。维生素 B_1 在谷糠、麸皮、大豆中含量丰富，所以一般情况下不会缺乏。

8. 维生素 B₅

维生素 B_5 又称泛酸，主要参与能量和脂肪的代谢。蛋鸡对维生素 B_5 的需要量很大，维生素 B_5 缺乏时，雏鸡生长缓慢，消化率降低，死亡率增加，眼有黏性分泌物使眼睑变成粒状，把眼粘在一起；成鸡产蛋率和种蛋孵化率降低。苜蓿粉、糠麸类、花生饼中含有丰富的维生素 B_5，块根块茎类中含量较低。

9. 维生素 B₁₁（叶酸）

维生素 B_{11} 是蛋鸡生长、肌肉形成、造血和羽毛生长所必需的。饲料中缺乏维生素 B_{11} 时，雏鸡生长缓慢，羽毛稀疏、无光泽，跗关节肿大；成鸡产蛋率降低，种蛋孵化率降低。维生素 B_{11} 在酵母、苜蓿粉中含量丰富，在麦麸、青饲料中含量比较高，但在玉米中含量较低。

10. 维生素 B₁₂

维生素 B_{12} 又叫氰钴维生素，是唯一含有金属元素的维生素，主要参与蛋白质、碳水化合物和脂肪的代谢，能提高植物性蛋白质饲料的利用率，可防止贫血。缺乏维生素 B_{12} 时，后备鸡生长缓慢，饲料利用率差，羽毛粗乱，后肢共济失调，出现贫血、脂肪肝症状；成鸡产蛋率和种蛋孵化率下降。维生素 B_{12} 只存在于动物性饲料中，蛋鸡的肠道内能合成一些维生素 B_{12}，但合成后吸收率很低。在含有鸡粪的垫料中以及牛羊粪、淤泥中含有大量的维生素 B_{12}，因而地面平养的蛋鸡可以通过扒翻垫料、啄食粪便而获取维生素 B_{12}，而笼养或网上平养的蛋鸡就无法从垫料中得到维生素 B_{12} 的补充，应在饲料中添加。

11. 烟酸（维生素 PP）

烟酸又称尼克酸，主要参与碳水化合物、脂肪和蛋白质的消化吸收。烟酸缺乏时，生长鸡食欲减退，生长缓慢，羽毛蓬乱，踝关节肿大，易患皮炎；成鸡羽毛脱落，产蛋率和种蛋孵化率降低。在蛋鸡的消化道内，微生物可以合成烟酸，青绿饲料、糠麸、酵母及花生饼中烟酸含量丰富，在鱼粉、肉骨粉中含量也比较多，但蛋鸡的利用率低，日粮中需要添加。

12. 维生素 B_6

维生素 B_6 参与碳水化合物和脂肪的代谢。维生素 B_6 缺乏时，雏鸡生长缓慢，中枢神经系统紊乱而表现异常兴奋，运动失调；成鸡食欲减退，体重下降，产蛋率和种蛋孵化率均降低。维生素 B_6 在酵母、糠麸及植物性蛋白质饲料中含量丰富，动物性饲料及根茎类饲料中相对缺乏，籽实类饲料中每千克约含 3mg。

13. 生物素（维生素 H）

生物素参与脂肪和蛋白质的代谢，促进不饱和脂肪酸的合成，促进蛋鸡胚发育和雏鸡生长。生物素缺乏时，雏鸡生长缓慢，出现鳞状皮炎，趾坏死并脱落，喙溃疡，眼肿胀；成鸡产蛋率下降，种蛋孵化率降低，死胚率相当高。生物素在谷物、豆饼（粕）、苜蓿粉、干酵母中含量丰富。雏鸡对生物素的利用率低，只有 50%，所以应注意饲料中生物素的含量。

14. 维生素 C（抗坏血酸）

维生素 C 在机体内可以合成。它能促进机体对铁的吸收，有解毒和抗氧化作用，能提高生产性能，增强机体的抗病和抗应激能力。

蛋鸡饲料中缺乏维生素C时，易发生维生素C缺乏症。在大部分饲料中均含有维生素C，青绿饲料中含量丰富，鸡体内也能合成一些，因而在正常情况下，蛋鸡很少出现维生素C缺乏症。但在高密度集约化饲养或高温季节及其他逆境中，鸡体内维生素C的合成能力降低，需要量增加，所以在饲料或饮水中应补加维生素C。

五、水

水是人们极易忽视的一种重要的营养物质，在机体内含量最多。水在营养物质的消化吸收、代谢废物的排出、血液循环及调节体温等方面具有重要作用。鸡体内缺水的危害比缺乏饲料的危害更大。产蛋鸡群缺饲料时，仍可维持数日，而断水24h，可使产蛋率下降30%左右，蛋壳变薄，蛋变小，肉鸡生长停滞；断水超过36h，母鸡出现换羽现象；断水48~60h，产蛋鸡群出现较高的死亡率。鸡体内失水20%就会导致死亡。

鸡体内的水来源于饮用水、代谢水和饲料水，其中饮用水约占需要量的70%。一般情况下，鸡的饮水量与采食量有关：蛋鸡的饮水量是采食量的2倍左右，肉用仔鸡的饮水量是采食量的1.5倍左右。鸡饮水量的改变可反映出鸡群健康状况和生产水平的变化。在生产中还要注意饮水量受很多因素的影响，如饲料种类、环境温度、水温、鸡的体重、活动情况及产蛋率等，其中以产蛋率和环境温度的影响最大。鸡体的健康状况也影响饮水量，如鸡患球虫病、法氏囊病时饮水量增加。在饲养时，一定要注意水的供给，同时要注意水的卫生。正常情况下，不同的环境温度条件下鸡的饮水量见表3-2。

表3-2　每100只母鸡每天的饮水量　　　　单位：L

周龄	环境温度21℃		环境温度32℃	
	蛋用型	肉用型	蛋用型	肉用型
2	3.8	6.36	6.3	10.98
4	5.8	9.84	10.0	16.96

周龄	环境温度 21℃		环境温度 32℃	
	蛋用型	肉用型	蛋用型	肉用型
6	7.2	12.30	12.7	21.20
8	8.0	13.32	15.0	22.98
10	10.0	14.57	17.7	25.17
12	11.8	15.90	19.5	27.44
14	12.7	17.03	21.8	29.41
16	13.6	18.17	23.6	31.34
18	14.5	19.30	25.0	33.31
20	15.4	20.44	26.8	35.28

第二节　蛋鸡常用饲料

蛋鸡生产在饲料方面应该遵循以下原则：使用已认定的绿色食品生产资料的饲料类产品，配制成符合蛋鸡各生产阶段的全价营养饲料；不使用霉败、变质、生虫或被污染的饲料；使用的添加剂必须符合 NY/T 471 标准的要求，严禁使用激素、抗生素、化学防腐剂等添加剂。

养鸡业成本的 75% 来自饲料，饲料质量的好坏直接影响养鸡水平的高低，影响最终产品的质量。是否可以作为绿色食品，首要的也是最关键的问题是饲料是否优质，是否符合环保的要求，原料是否来源于绿色饲料生产基地，也就是只有符合以上几个要求，才可以作为绿色饲料的原料。具体来说，组成绿色饲料的原料必须无污染，无农药残留，不含有任何激素，无抗生素残留，加工过程中尽量不额外添加抗生素，杜绝使用激素，这是生产绿色饲料的前提。绿色饲料要求除了含有多种营养素之外，不应含有对家禽健康有害的物质。饲料原料品种繁多，营养素、抗营养因子及其含量差别很大，单一饲料原料中所含的营养物质很少能满足家禽的营养需要，只有将几种饲料原料进行搭配才能配制成符合营养要求的平衡日粮。因此，充分了解用于配制家禽饲料的各种原料的特性和品质是非常重要的。

一、能量饲料

能量饲料是指在绝对干物质中，粗纤维含量＜18％、粗蛋白质含量＜20％的饲料。一般干物质中消化能高于 12.55MJ/kg 的为高能量饲料，低于 12.55MJ/kg 的为低能量饲料。

能量饲料主要包括谷实类、糠麸类、块茎及瓜类和其他类（油脂、糖蜜、乳清粉等）。

（一）谷实类

1. 玉米

玉米能量高，粗纤维含量低，适口性好，在各类配合饲料中几乎占一半左右，故有"能量之王"之称。玉米是配制饲料的首选原料，且以黄玉米为最佳。但玉米中粗蛋白质含量低，赖氨酸、蛋氨酸、钙、磷和 B 族维生素含量较少，此外，玉米中的粗脂肪多为不饱和脂肪酸，粉碎后增加了脂肪酸腐败的可能性。玉米的品种、产地不同，营养物质的含量不同，而玉米的饱满度不同，营养价值也不同。这也是有很多鸡场在更换配料玉米时，出现产蛋率下降的原因。在配制饲料时，玉米用量可占 35％～70％。

2. 小麦

小麦能量高，粗蛋白质含量高，氨基酸含量也较全面，B 族维生素含量相当丰富，适口性好。但小麦含有胶质，粉料用量多时会粘鸡喙，影响蛋鸡的采食。小麦的用量可占饲料的 10％～20％。

3. 大麦

大麦比小麦能量低，粗纤维含量高于小麦，含有丰富的 B 族维生素。大麦用于雏鸡饲料时，一定要注意用量，超量会使鸡发生肠道疾病。一般大麦的用量占日粮的 10％～15％。

4. 高粱

高粱可代替部分玉米作为能量饲料。但高粱种皮中含有单宁

（鞣酸），影响含硫氨基酸的吸收利用，所以用高粱作饲料时一定要注意补加蛋氨酸。高粱有苦涩味，适口性差，使用时要搭配适当，在饲料中不能添加太多，一般用量为日粮的5%～15%。

5. 糙米和碎米

糙米和碎米均为蛋鸡的良好饲料，能量低于玉米，适口性较好。碎米常作为雏鸡的开食料。糙米和碎米的用量可占日粮的20%～40%。

（二）糠麸类

鸡常用的糠麸类饲料有小麦麸和米糠。

1. 小麦麸

小麦麸是麦类加工后的副产品，价格便宜，其蛋白质、必需氨基酸、磷、锰和B族维生素含量较高，适口性好。小麦麸中含有脂解酶，易变质生虫，且小麦麸含能量低，粗纤维含量高，饲料中用量不宜太多。

2. 米糠

米糠是碾米加工后的副产品。米糠中粗脂肪、粗蛋白质、粗纤维及B族维生素等含量均高，粗脂肪中不饱和脂肪酸含量高，容易氧化而酸败，不易储藏。米糠中钙磷比例不当。在饲料中用量不宜太大，一般占日粮的5%～8%。

（三）块茎及瓜类

马铃薯、甜菜、南瓜、甘薯等含碳水化合物多，适口性好，价格便宜，易储藏，是家禽的优良饲料，但含蛋白质少，矿物质也不平衡，所以在蛋鸡饲料中应少量添加。这些饲料最好煮熟后喂鸡，这样消化率高。马铃薯发芽后有毒，必须去毒后再喂。

（四）油脂类饲料

油脂类饲料能量高，其热量为碳水化合物的2.25倍。为了提高鸡饲料中的能量水平，常在饲料（特别是肉鸡饲料）中添加少量的油脂（花生油、豆油、菜油等），进而促进鸡体生长，提高饲料利用率。生产颗粒饲料时，加适量的油脂，可起到光滑黏合的作

现代蛋鸡养殖关键技术精解

用，使生产的颗粒料整齐有光泽，同时提高饲料的商品形象和质量。油脂类饲料一般占日粮的 2%～4%。

二、蛋白质饲料

饲料干物质中粗蛋白质含量≥20%，而粗纤维含量<18%的饲料称作蛋白质饲料，主要包括植物性蛋白质饲料、动物性蛋白质饲料、微生物性蛋白质饲料等。

（一）植物性蛋白质饲料

蛋鸡生产中主要应用的植物性蛋白质饲料是饼粕类饲料。饼粕类饲料是油料籽实提取油分后的副产品，目前我国脱油的方法有压榨法、浸提法和预压-浸提法，用压榨法榨油后的副产品通称饼，用浸提法脱油后的副产品称粕，饼粕类的营养价值因原料种类、品质及加工工艺而异。浸提法的脱油效率高，故相应的粕中残油量少，而蛋白质含量比饼高；压榨法脱油效率低，因而与相应的粕比较，可利用能量高。

1. 大豆饼粕

大豆饼和大豆粕是我国最常用的一种主要的植物性蛋白质饲料，其营养价值很高，粗蛋白质含量高达 45%左右，去皮大豆粕的粗蛋白质含量高达 49%，蛋白质的消化率达到 80%以上。大豆饼粕中赖氨酸含量较高，达到 2.5%～2.9%，但蛋氨酸含量较低。

大豆饼粕中含有抗营养因子，如抗胰蛋白酶、脲酶、甲状腺肿诱发因子、皂素、凝集素等。这些抗营养因子不耐热，适当的热处理即可灭活（110℃，3min），但加热过度会降低赖氨酸、精氨酸的活性，同时亦会使胱氨酸遭到破坏。

2. 菜籽饼粕

菜籽饼粕的粗蛋白质含量中等，在 36%左右，其氨基酸组成特点是蛋氨酸含量较高，而精氨酸含量低。菜籽饼粕含硒量较高，而可利用能量水平较低。菜籽饼粕适口性差，具有辛辣性，含有硫代葡萄糖苷、芥酸、异硫氰酸盐等有毒成分，对单胃动物（尤其是幼年动物）毒害作用较大。其在饲料中的安全限量为蛋鸡、种鸡

5%，生长鸡3%。

3.棉籽饼粕

脱壳后的棉籽饼粕中粗蛋白质含量可达40%以上，其精氨酸含量较高，而赖氨酸、蛋氨酸含量均较低。带壳的棉籽饼粕中粗蛋白质含量28%左右，粗纤维含量较高。棉籽饼粕含有毒的游离棉酚，饲喂前应脱毒或控制喂量，一般产蛋鸡可用到6%，后期可用到10%。

4.花生仁饼粕

花生仁饼粕的适口性好，可利用能量高。粗蛋白质含量38%～48%，但氨基酸含量不平衡，精氨酸含量高，而赖氨酸、蛋氨酸含量低。花生仁饼粕易感染黄曲霉毒素，造成雏鸡死亡，一般花生仁饼粕中黄曲霉毒素不超过50mg/kg可以使用。

（二）动物性蛋白质饲料

1.动物性蛋白质饲料的营养特点

① 干物质中粗蛋白质含量高达50%～80%，所含必需氨基酸齐全，比例接近畜禽的需要。

② 粗灰分含量高，特别是钙、磷含量很高，而且钙、磷比例适当。

③ B族维生素含量高，特别是核黄素、维生素B_{12}等的含量相当高。

④ 碳水化合物含量低，基本不含粗纤维。

2.动物性蛋白质饲料的主要种类

（1）鱼粉　因原料种类和加工条件不同，鱼粉的营养价值差异很大，我国市场上的鱼粉包括进口鱼粉和国产鱼粉。鱼粉中不含粗纤维，粗蛋白质含量高。进口鱼粉中粗蛋白质含量60%～72%，蛋白质品质好，赖氨酸和蛋氨酸含量很高，精氨酸含量低。鱼粉中矿物质和维生素含量丰富；另外，鱼粉还含有未知的生长因子（UGF），能促进动物生长。

（2）肉粉、肉骨粉　屠宰场或肉制品场的碎肉等经处理后制成的饲料叫肉粉，如果原料连骨头带肉，则制成品叫肉骨粉。肉粉、肉骨粉的品质与生产原料有很大关系，养分含量差异较大，粗蛋白质含量为 25%～60%，其中赖氨酸含量较高，而蛋氨酸和色氨酸含量较低；含水量 5%～10%，粗脂肪 3%～10%，钙 7%～20%，磷 3.6%～9.5%；烟酸、维生素 B_{12} 等 B 族维生素含量丰富，但缺乏维生素 A、维生素 D。

（3）血粉　粗蛋白质含量高，赖氨酸、组氨酸含量高，精氨酸含量低，几乎不含异亮氨酸，氨基酸极不平衡，适口性较差，鸡的利用率很低，与其他蛋白质饲料（如花生仁饼和棉籽饼等）配合使用饲养效果较好。用量一般不超过日粮的 3%。

（4）羽毛粉　蛋白质含量高，胱氨酸含量高，异亮氨酸次之，但蛋氨酸、赖氨酸、组氨酸、色氨酸含量均很低，氨基酸极不平衡。饲料中用量不宜过大，一般不超过日粮的 3%。

（5）蚕蛹粉　粗蛋白质含量高，氨基酸较平衡，营养价值较高，在有条件的地区可适当加入饲料中，但注意腐败变质的蚕蛹粉不可用。

（三）微生物性蛋白质饲料

微生物性蛋白质饲料主要指饲料酵母。饲料酵母的价格便宜，粗蛋白质含量为 40%～60%，含有丰富的水溶性维生素和磷，但蛋氨酸和维生素 B_{12} 含量少，所以在使用时适当添加工业氨基酸效果很好。目前在养殖行业中微生物性蛋白质饲料用量越来越大。

三、矿物质饲料

动植物性饲料中虽含有一定量的动物必需矿物质，但舍饲条件下的高产蛋禽对矿物质的需要量很高，常规动植物性饲料常不能满足其生长、发育和繁殖等生命活动对矿物质的需要，因此，应补以所需的矿物质饲料。

（一）含钠、氯的矿物质饲料

1. 氯化钠

通常使用的是食盐，以植物性饲料为主的动物都应该补充食盐，食盐还可以改善口味，增进食欲，促进消化。食盐中氯含量为

60.65%，钠含量为 38.35%。

蛋鸡的风干日粮中食盐一般用量为 0.25%～0.5%。确定食盐的用量时，还应考虑动物的体重、年龄、生产力、季节、水及饲料中盐的含量。

补饲食盐时要注意以下问题：

① 补饲食盐不可过量，以免引起中毒。

② 要保证充足的饮水。

③ 在缺碘的地区，宜补饲加碘食盐。

2. 碳酸氢钠

碳酸氢钠俗称小苏打。由于食盐中氯比钠多，蛋鸡对钠的需要量一般比氯高，碳酸氢钠除用于补充钠的不足，还是一种缓冲剂，可缓解蛋鸡的热应激，改善蛋壳的强度。在蛋鸡的日粮中碳酸氢钠用量为 0.2%～0.4%。

（二）含钙的饲料

1. 石粉

石粉主要指石灰石粉，为天然的碳酸钙，含钙量 34%～39%，是补钙的最廉价原料。石粉中镁、铅、汞、砷、氟等元素的含量必须在卫生标准范围之内才能作为饲料使用。禽用石粉的粒度为 0.67～1.30mm。

2. 贝壳粉

贝壳粉是由各种贝类动物的外壳（牡蛎壳、蚌壳、蛤蜊壳等）经过清理、消毒、粉碎而制成的粉状或颗粒状产品。其主要成分是碳酸钙，含钙量 33%～38%。使用时应注意其中有无发霉、发臭的生物尸体。

3. 蛋壳粉

蛋壳粉是由蛋品加工厂或大型孵化场收集的蛋壳，经消毒、干燥、粉碎而成的。蛋壳粉含钙量 25%～32%，粗蛋白质含量 6%～12%。孵化后的蛋壳含钙量较低，新鲜蛋壳制粉时应注意消毒，避免蛋白质腐败。

（三）含钙与磷的饲料

1. 骨粉

骨粉是由动物骨头经过加热、加压、脱脂和脱胶后，经干燥、粉碎而成的。因加工工艺不同，其营养成分差异很大。骨粉中钙的含量为 25%～35%，含磷量 11%～15%，是钙、磷较平衡的矿物质饲料。使用骨粉时要注意防止氟中毒，不能使用有异臭、有农药味、呈泥灰色的品质低劣的产品。

2. 磷酸盐

饲料中应用的磷酸盐主要有以下产品：

① 磷酸氢钙，含钙 24%，含磷 18%。

② 磷酸二氢钙，含钙 17%，含磷 26%。

③ 磷酸三钙，含钙 29%，含磷 15%。

四、添加剂饲料

添加剂分为营养性添加剂和非营养性添加剂两大类。营养性添加剂主要是补充配合饲料中含量不足的营养素，使所配合的饲料达到全价，包括氨基酸、微量矿物元素、维生素等；非营养性添加剂并不直接对蛋鸡提供营养，它是一种辅助性饲料，添加后能够提高饲料的利用效率，防止疾病感染，增强机体抵抗力，杀灭或控制寄生虫，防止饲料变质，或是提高饲料适口性等，主要有抗生素、酶制剂、抗氧化剂等。

（一）营养性添加剂饲料

1. 氨基酸添加剂饲料

目前人工合成并作为添加剂使用的氨基酸主要有：L-赖氨酸、DL-蛋氨酸、色氨酸和苏氨酸等，其中以 L-赖氨酸和 DL-蛋氨酸使用较普遍。饲料中添加人工合成的氨基酸可以达到四个目的：节约饲料蛋白质，提高饲料利用率和动物产品产量；改善畜禽产品的品质；改善和提高动物消化机能，防止发生消化系统疾病；减轻动物的应激症。

（1）赖氨酸添加剂　动物只能利用 L 型赖氨酸，不能利用 D 型赖氨酸。生产中常用的商品为 98.5% 的 L-赖氨酸盐酸盐，其生物活性只有 L-赖氨酸的 78.8%。赖氨酸在谷类饲料中含量低，生长期家禽对其特别敏感。缺乏赖氨酸会造成幼禽生长停滞、氮平衡失调、皮脂减少、消瘦、骨钙化失常等。在雏鸡日粮中赖氨酸的需要量为 1.1%。

（2）蛋氨酸添加剂　在饲料工业中广泛使用的蛋氨酸添加剂有两类，一类是 DL-蛋氨酸，另一类是 DL-蛋氨酸羟基类似物及其钙盐。目前使用最广泛的是粉状 DL-蛋氨酸，纯度为 99%。蛋氨酸为含硫氨基酸。缺乏蛋氨酸表现为发育不良，体重减轻，肝、肾机能受破坏，肌肉萎缩，被毛变质，出现啄癖。蛋氨酸在体内可转变成胱氨酸。在雏鸡饲料中的必需含量为 0.75%。

（3）色氨酸添加剂　L-色氨酸的活性为 100%，而 DL-色氨酸的活性只有 L-色氨酸的 50%～80%。色氨酸属于最易缺乏的限制性氨基酸之一，具有典型特有气味，为无色或微黄色结晶，可溶于水、热醇、氢氧化钠溶液。玉米、肉粉、肉骨粉中色氨酸含量很低，但在豆饼中含较高，因此在玉米类型的日粮中，如缺豆饼则易引起色氨酸的不足。色氨酸在动物体内可转变为烟酸。在雏鸡日粮中的需要量为 0.2%。

2. 微量元素添加剂饲料

微量元素添加剂的原料基本上为饲料级微量元素盐，不采用化工级或试剂级产品。蛋鸡饲料中常用微量元素添加剂及其元素含量见表 3-3。

表 3-3　蛋鸡饲料中常用微量元素添加剂及其元素含量

元素	添加剂名称	化学式	元素含量/%
铁（Fe）	硫酸亚铁	$FeSO_4 \cdot 7H_2O$	20.1
	硫酸亚铁	$FeSO_4 \cdot H_2O$	32.9
	碳酸亚铁	$FeCO_3 \cdot H_2O$	41.7
铜（Cu）	硫酸铜	$CuSO_4 \cdot 5H_2O$	25.5
	硫酸铜	$CuSO_4 \cdot H_2O$	35.8
	碳酸铜	$CuCO_3$	51.4

元素	添加剂名称	化学式	元素含量/%
锌（Zn）	硫酸锌	$ZnSO_4 \cdot 7H_2O$	22.75
	氧化锌	ZnO	80.3
	碳酸锌	$ZnCO_3$	52.15
锰（Mn）	硫酸锰	$MnSO_4 \cdot 5H_2O$	22.8
	氧化锰	MnO	77.4
	碳酸锰	$MnCO_3$	47.8
硒（Se）	亚硒酸钠	Na_2SeO_3	45.6
	硒酸钠	Na_2SeO_4	41.77
碘（I）	碘化钾	KI	76.45
	碘酸钙	$Ca(IO_3)_2$	65.1
钴（Co）	硫酸钴	$CoSO_4 \cdot 7H_2O$	21.3
	氯化钴	$CoCl_2 \cdot 6H_2O$	25.1

3. 维生素添加剂饲料

维生素的化学性质一般不稳定，在光、热、空气、潮湿以及微量矿物元素和酸败脂肪存在的条件下容易氧化或失效。在确定维生素用量时应考虑以下问题：维生素的稳定性及使用时实存的效价；在预混合饲料加工过程（尤其是制粒）中的损失；成品饲料在贮存中的损失；炎热环境可能引起的额外损失。

市场上销售的维生素产品有两大类：复合维生素制剂和单项维生素制剂。主要的单项维生素制剂有以下几种：

（1）维生素 A 添加剂 维生素 A 容易受许多因素影响而失去活性，其商品形式为维生素 A 乙酸酯，常见的商品为粉剂，每克产品中维生素 A 的含量分别为 $65 \times 10^4 IU$、$50 \times 10^4 IU$、$25 \times 10^4 IU$。

（2）维生素 D_3 添加剂 常见的商品为粉剂，每克产品中维生素 D_3 的含量为 $50 \times 10^4 IU$ 或 $20 \times 10^4 IU$。也有把维生素 A 和维生素 D_3 混在一起的添加剂，该产品中每克含 $50 \times 10^4 IU$ 的维生素 A 和 $10 \times 10^4 IU$ 的维生素 D_3。

（3）维生素 E 添加剂　商品维生素 E 添加剂纯度为 50％。

（4）维生素 K_3 添加剂　商品维生素 K_3 添加剂主要有三种：一是活性成分占 50％的亚硫酸氢钠甲奈醌（MSB），二是活性成分占 25％的亚硫酸氢钠甲奈醌复合物（MSBC），三是活性成分占 22.5％的亚硫酸嘧啶甲奈醌（MPB）。

（5）维生素 B_1 添加剂　维生素 B_1 添加剂的商品形式有盐酸硫胺素和硝酸硫胺素两种，活性成分一般为 96％，也有经过稀释，活性成分只有 5％的。

（6）维生素 B_2 添加剂　维生素 B_2 添加剂通常含 96％或 98％的核黄素，因具有静电作用和附着性，需进行抗静电处理，以保证混合均匀度。

（7）维生素 B_6 添加剂　维生素 B_6 添加剂的商品形式为盐酸吡哆醇制剂，活性成分占 98％，也有稀释为其他浓度的。

（8）维生素 B_{12} 添加剂　维生素 B_{12} 添加剂的商品形式常是稀释为 0.1％、1％和 2％等不同活性浓度的制品。

（9）泛酸添加剂　泛酸添加剂的形式有两种，一是 D-泛酸钙，二是 DL-泛酸钙，其中只有 D-泛酸钙才具有活性。商品添加剂中，活性成分一般占 98％，也有稀释后只含有 66％或 50％活性成分的制剂。

（10）烟酸添加剂　烟酸添加剂的形式有两种，一是烟酸（尼克酸），二是烟酰胺，两者的营养效用相同，但在动物体内被吸收的形式为烟酰胺。商品添加剂的活性成分含量为 98％～99.5％。

（11）生物素添加剂　生物素添加剂的活性成分含量为 1％和 2％。

（12）叶酸添加剂　叶酸添加剂的活性成分含量一般为 3％或 4％，也有 5％的。

（13）胆碱添加剂　胆碱添加剂的化学形式是氯化胆碱，氯化胆碱添加剂有两种形式：液态氯化胆碱（含活性成分 70％）和固态氯化胆碱（含活性成分 50％）。

（14）维生素 C 添加剂　常用的维生素 C 添加剂有抗坏血酸

现代蛋鸡养殖关键技术精解

钠、抗坏血酸钙以及被包被的抗坏血酸等。

（二）非营养性添加剂

1. 保健和促进生长添加剂

（1）抗生素类　抗生素添加在饲料中能抑制有害微生物的繁殖，促进营养物质的吸收，使动物保持健康，提高动物的生产性能。在卫生条件差和日粮营养不完善的情况下，抗生素的作用更明显。

抗生素会在动物体内和动物产品中残留，对人类疾病的治疗产生危害。在使用抗生素添加剂时要注意以下问题：尽量选用动物专用的、吸收和残留少的、安全范围大的、无毒副作用的、不产生耐药性的品种，尽量不用广谱抗生素；严格控制使用对象和使用剂量，保证使用效果；应对抗生素的使用期限作出严格的规定，避免长期使用同一抗生素。

抗生素添加剂的种类很多，常用的抗生素有：土霉素、泰乐菌素、杆菌肽、维吉尼亚霉素、莫能霉素、盐霉素、拉沙里菌素等。

（2）人工合成的抑菌药物　人工合成的抑菌药物主要有磺胺二甲基嘧啶（SM）、磺胺脒（SG）、磺胺嘧啶（SD）、喹乙醇等。其作用类似于抗生素，但同样存在药物残留和耐药性问题。

2. 驱虫保健剂

驱虫保健剂的种类很多，一般毒性较大，只能短期使用，不宜在饲料中作为添加剂长期使用。常用的药物有：氨丙啉、马杜拉霉素、地克珠利等。

3. 益生菌

益生菌可抑制肠道有害细菌的繁殖，起到防病保健和促进生长的作用。主要菌种有乳酸杆菌属、链球菌属、双歧杆菌属等。

4. 酶制剂

酶制剂主要用于消化机能尚未发育健全的幼年动物，为其提供消化道缺少的酶类，以分解饲料中的某些特殊成分。常用的酶制剂有纤维素酶、非淀粉多糖酶、植酸酶等单一酶或复合酶制剂，酶制剂用于饲料中可提高饲料消化率，节省营养资源。

5. 着色剂

着色剂常用于家禽日粮中，可改善蛋黄、肉鸡屠体和观赏动物的色泽。用作饲料添加剂的着色剂有两种：一种是天然色素，主要是植物中的胡萝卜素和叶黄素类；另一种是人工合成的色素，如胡萝卜素醇。

6. 草药添加剂

草药不但可以提供给动物丰富的氨基酸、维生素和微量元素等营养物质，还能提高饲料的利用率，减少日粮中污染物的排放，促进畜禽生长，而且含有多糖类、有机酸类、苷类、黄酮类和生物碱类等多种天然的生物活性物质，可与臭气分子反应生成挥发性较低的无臭物质，同时草药还具有杀菌消毒的作用，可增强机体的免疫力，抑制病原菌的生长与繁殖，降低其分解有机物的能力，使臭气减少。

第三节　蛋鸡的饲养标准

一、饲养标准的概念

饲养标准是根据大量饲养试验结果和动物实际生产的总结，对特定的动物所需要的各种营养物质的定额作出规定，这种系统的营养定额的规定称为饲养标准。现行饲养标准的确切含义是系统地表述经试验研究确定的特定动物（包括不同种类、性别、年龄、体重、生理状态和生产性能等）的能量和其他各种营养物质需要量或供给量的定额数值，经有关专家组集中审定后，定期或不定期以专题报告性的文件由有关权威机关颁布发行，供使用者参考或指导使用。

二、我国蛋鸡的饲养标准

我国最初的《鸡饲养标准》是 1986 年经农牧渔业部批准正式公布的。多年来，随着品系选育和饲料营养科学的发展，蛋鸡的生产性能得到了极大的提高，76 周龄的产蛋量已由 15.5～17kg 提高到 17.5～19.5kg。在这种情况下，蛋鸡的新陈代谢强度在不断提高，原来的饲养标准已不能适应现代高产品系蛋鸡的生产要求。因此，用最新的研究成果更新我国《鸡饲养标准》，对科学配制日粮、充分发挥鸡的遗传潜力和生产性能，有着重要意义。随后农业部又组织有关专家，根据我国鸡的品种、饲料原料和环境条件的实际情况，并借鉴世界其他国家先进的饲养标准和营养需要量，于 2004 年制定了新的《鸡饲养标准》，在原来的基础上对各阶段［包括0～8 周龄、9～18 周龄和 19 周龄至开产（5％产蛋率）］范围做了很大调整。19 周龄至开产也叫产蛋预备期，这个阶段适当提高了蛋白质和钙的需要量，以增加蛋白质和钙的储备，为产蛋做准备。为使读者方便使用，特别列出我国目前使用的饲养标准和生长鸡体重与耗料量，供参考，见表 3-4～表 3-6。

表 3-4　生长期蛋鸡的饲养标准

营养指标	0～8 周龄	9～18 周龄	19 周龄至开产
代谢能/(MJ/kg)	11.91	11.70	11.50
粗蛋白质/%	19.0	15.5	17.0
蛋白能量比/(g/MJ)	15.95	13.25	14.78
赖氨酸能量比/(g/MJ)	0.84	0.58	0.61
赖氨酸/%	1.00	0.68	0.70
蛋氨酸/%	0.37	0.27	0.34
蛋氨酸＋胱氨酸/%	0.74	0.55	0.64
苏氨酸/%	0.66	0.55	0.62
色氨酸/%	0.20	0.18	0.19
精氨酸/%	1.18	0.98	1.02
亮氨酸/%	1.27	1.01	1.07
异亮氨酸/%	0.71	0.59	0.60
苯丙氨酸/%	0.64	0.53	0.54
苯丙氨酸＋酪氨酸/%	1.18	0.98	1.00

营养指标	0～8周龄	9～18周龄	19周龄至开产
组氨酸/%	0.31	0.26	0.27
脯氨酸/%	0.50	0.34	0.44
缬氨酸/%	0.73	0.60	0.62
甘氨酸＋丝氨酸/%	0.82	0.68	0.71
钙/%	0.90	0.80	2.00
总磷/%	0.70	0.60	0.55
非植酸磷/%	0.40	0.35	0.32
钠/%	0.15	0.15	0.15
氯/%	0.15	0.15	0.15
铁/(mg/kg)	80	60	60
铜/(mg/kg)	8	6	8
锌/(mg/kg)	60	40	80
锰/(mg/kg)	60	40	60
碘/(mg/kg)	0.35	0.35	0.35
硒/(mg/kg)	0.30	0.30	0.30
亚油酸/%	1	1	1
维生素 A/(IU/kg)	4000	4000	4000
维生素 D/(IU/kg)	800	800	800
维生素 E/(IU/kg)	10	8	8
维生素 K/(mg/kg)	0.5	0.5	0.5
硫胺素/(mg/kg)	1.8	1.3	1.3
核黄素/(mg/kg)	3.6	1.8	2.2
泛酸/(mg/kg)	10	10	10
烟酸/(mg/kg)	30	11	11
吡哆醇/(mg/kg)	3	3	3
生物素/(mg/kg)	0.15	0.10	0.10
叶酸/(mg/kg)	0.55	0.25	0.25
维生素 B_{12}/(mg/kg)	0.010	0.003	0.004
胆碱/(mg/kg)	1300	900	500

注：根据中型体重鸡制定，轻型鸡可酌减10%；开产日龄按5%产蛋率计算。

现代蛋鸡养殖关键技术精解

表 3-5　产蛋鸡饲养标准

营养指标	开产至产蛋高峰期(>85%)	产蛋高峰期后(<85%)	种鸡
代谢能/(MJ/kg)	11.29	10.87	11.29
粗蛋白质/%	16.5	15.5	18.0
蛋白能量比/(g/MJ)	14.61	14.26	15.94
赖氨酸能量比/(g/MJ)	0.64	0.61	0.63
赖氨酸/%	0.75	0.70	0.75
蛋氨酸/%	0.34	0.32	0.34
蛋氨酸+胱氨酸/%	0.65	0.56	0.65
苏氨酸/%	0.55	0.50	0.55
色氨酸/%	0.16	0.15	0.16
精氨酸/%	0.76	0.69	0.76
亮氨酸/%	1.02	0.98	1.02
异亮氨酸/%	0.72	0.66	0.72
苯丙氨酸/%	0.58	0.52	0.58
苯丙氨酸+酪氨酸/%	1.08	1.06	1.08
组氨酸/%	0.25	0.23	0.25
缬氨酸/%	0.59	0.54	0.59
甘氨酸+丝氨酸/%	0.57	0.48	0.57
可利用赖氨酸/%	0.66	0.60	—
可利用蛋氨酸/%	0.32	0.30	—
钙/%	3.5	3.5	3.5
总磷/%	0.60	0.60	0.60
非植酸磷/%	0.32	0.32	0.32
钠/%	0.15	0.15	0.15
氯/%	0.15	0.15	0.15
铁/(mg/kg)	60	60	60
铜/(mg/kg)	8	8	6
锰/(mg/kg)	60	60	60

营养指标	开产至产蛋高峰期（>85%）	产蛋高峰期后（<85%）	种鸡
锌/(mg/kg)	80	80	60
碘/(mg/kg)	0.35	0.35	0.35
硒/(mg/kg)	0.30	0.30	0.30
亚油酸/%	1	1	1
维生素 A/(IU/kg)	8000	8000	10000
维生素 D/(IU/kg)	1600	1600	2000
维生素 E/(IU/kg)	5	5	10
维生素 K/(mg/kg)	0.5	0.5	1.0
硫胺素/(mg/kg)	0.8	0.8	0.8
核黄素/(mg/kg)	2.5	2.5	3.8
泛酸/(mg/kg)	2.2	2.2	10
烟酸/(mg/kg)	20	20	30
吡哆醇/(mg/kg)	3.0	3.0	4.5
生物素/(mg/kg)	0.10	0.10	0.15
叶酸/(mg/kg)	0.25	0.25	0.35
维生素 B_{12}/(mg/kg)	0.004	0.004	0.004
胆碱/(mg/kg)	500	500	500

表 3-6　生长鸡体重与耗料量　　　　　单位：g/只

周龄	周末体重	耗料量	累计耗料量
1	70	84	84
2	130	119	203
3	200	154	357
4	275	189	546
5	360	224	770
6	445	259	1029
7	530	294	1323

现代蛋鸡养殖关键技术精解

周龄	周末体重	耗料量	累计耗料量
8	615	329	1652
9	700	357	2009
10	785	385	2394
11	875	413	2807
12	965	441	3248
13	1055	469	3717
14	1145	497	4214
15	1235	525	4739
16	1325	546	5285
17	1415	567	5852
18	1505	588	6440
19	1595	609	7049
20	1670	630	7679

注：0～8周龄为自由采食，9周龄开始结合光照进行限饲。

第四节　蛋鸡日粮的配制

要使蛋鸡充分发挥其生产潜力，就必须喂给各种营养物质全面而且平衡的配合饲料。饲料要根据蛋鸡的各个生长阶段和产蛋期的营养需要来进行配合。

一、日粮及饲粮的概念

单一饲料不能构成日粮（饲粮）。因此，应选取若干种饲料及添加剂并合理确定搭配比例，使其所提供的各种养分均符合饲养标准规定的量，这个设计步骤，称为日粮配制。参照饲养标准配合日粮，可以合理利用饲料，充分发挥出各种营养物质的作用和家禽的生产潜力，符合经济生产原则。日粮是指一昼夜内一只家禽所采食的饲料量。它是根据饲养标准所规定的各种营养物质的种类、数量和各种家禽的不同生理状态和生产性能，选用适当的饲料配合而成的。当日粮中各种营养物质的种类、数量及其相互比例能满足家禽的营养需要时，则称之为平衡日粮或全价日粮。但是，通常绝大多数的家禽是群饲，单独饲喂的情况较少。因此，生产中通常是为同一生产目的的大群家禽，按其营养需要配合大量混合饲料，然后按日分顿喂给。从严格意义上讲，这种按日粮中饲料比例配制成的大量混合饲料，称为饲粮。

二、日粮配方设计的原则

（一）营养性原则

1. 选用合适的饲养标准

饲养标准是对蛋鸡实行科学饲养的依据，因此，经济合理的饲料配方必须根据饲养标准规定的营养物质需要量的指标进行设计，在选用饲养标准的基础上，可根据饲养实践中生长或生产性能等情况作适当调整，并注意以下问题：

（1）蛋鸡对能量的要求。在鸡的饲养标准中第一项即为能量的需要量，只有在满足能量需要的基础上才能考虑蛋白质、氨基酸、维生素等其他养分的需要。在蛋鸡的日粮中，能量的主要作用表现在：①能量是蛋鸡生活和生产中迫切需要的；②提供能量的养分在日粮中所占比例最大，如果配合日粮时先从其他养分着手，而后发现能量不适时，就必须对日粮的组成进行较大的调整；③饲料中可利用能量的多少，大致可代表饲料干物质中碳水化合物、脂肪和蛋白质水平的高低。

（2）能量与其他营养物质间和各种营养物质之间的比例应符合饲养标准的要求，比例失调、营养不平衡会导致不良后果。

（3）限制饲料配方中粗纤维的含量：3％～5％。

2. 合理选择饲料原料，正确评估和决定饲料原料营养成分含量

设计饲料配方应熟悉所在地区的饲料资源现状，根据当地各种饲料资源的品种、数量及各种饲料的理化特性及饲用价值，尽量做

到全年比较均衡地使用各种饲料原料，应注意：

（1）饲料品质 应尽量选用新鲜、无毒、无霉变、质地良好的饲料。

（2）饲料体积 饲料体积过大，能量浓度降低，既会造成消化道负担过重，影响动物对饲料的消化，又不能满足动物的营养需要；反之，饲料的体积过小，即使能满足养分的需要量，但动物达不到饱腹感而处于不安状态，也会影响其生长发育及生产性能。

（3）饲料的适口性 饲料的适口性直接影响采食量，设计饲料配方时应选择适口性好、无异味的饲料，若采用营养价值虽高，但适口性却差的饲料则须限制其用量，对适口性差的饲料也可采用适当搭配适口性好的饲料或加入调味剂的方法以提高其适口性，促使动物增加采食量。

3. 正确处理配合饲料配方设计值与配合饲料保证值的关系

配合饲料中的某一养分往往由多种原料共同提供，且各种原料中养分的含量与真实值之间存在一定差异，加之饲料加工过程中的偏差，同时生产的配合饲料产品往往有一个合理的贮藏期，贮藏过程中某些营养成分还因受外界各种因素的影响而损失，所以，配合饲料的营养成分设计值通常应略大于配合饲料保证值，以保证商品配合饲料营养成分在有效期内不低于产品标签中的标高值。

（二）安全性原则

配合饲料对动物自身必须是安全的。发霉、酸败、污染和未经处理的含毒素等的饲料原料不能使用，饲料添加剂的使用量和使用期限应符合安全法规。

（三）经济性原则

饲料原料的成本在饲料企业生产及蛋鸡生产中均占有很大比重，因此，在设计饲料配方时，应注意达到高效益、低成本，为此要求：

① 饲料原料的选用应注意因地制宜和因时而宜，充分利用当地的饲料资源，尽量少从外地购买饲料，这样既可避免远途运输的

麻烦，又可降低配合饲料生产的成本。

② 设计饲料配方时应尽量选用营养价值较高而价格低廉的饲料原料，且多种原料搭配，使各种饲料原料之间的营养物质互相补充，以提高饲料的利用效率。

（四）市场性原则

产品设计必须以市场为目标，配方设计人员必须熟悉市场，及时了解市场动态，准确确定产品在市场中的定位，明确用户的特殊要求，同时，还要预测产品的市场前景，不断开发新产品，以增强产品的市场竞争力。

三、配制日粮的方法

配制日粮的方法主要有方形法、方程组法、试差法、计算机优化法。现代饲料生产和养鸡场采用计算机配制日粮。计算机设计和调整饲料配方速度快、准确性强、节省人力和时间。利用计算机调整饲料配方时只要输入原料名称、饲养标准、价格和一定的设定条件，计算机就可在多种饲料配方中选择一种最合理的饲料配方。计算机优化法只需买到配方软件就可使用。现将其他几种方法做一介绍：

1. 方形法

方形法又称四角法、四边法。此法适用于饲料种类及营养指标少的情况。如将两种养分浓度不同的饲料混合，欲得到含有所需养分浓度的配合饲料时，用此法最为便捷。

例如：利用粗蛋白质含量为 30％ 的浓缩料与能量饲料玉米（含粗蛋白质 8.5％）混合，配制粗蛋白质含量为 16％ 的饲粮 1000kg。

计算步骤：

第一步：算出两种饲料在配合料中应占的比例（％）。先画一个方形图，在图中央写上所要配合的配合料中粗蛋白质的含量（16％），方形图的左上、左下角分别是玉米和浓缩料的粗蛋白质含量。如图对角线所示，并标箭头，顺箭头以大数减小数得出的差分别除以两差之和，即得出玉米和浓缩料的百分比。其方形图及计算如下：

玉米8.5   30−16=14

浓缩料30   16−8.5=7.5

玉米应占比例＝$(30-16)/(14+7.5)×100\%=65\%$

浓缩料应占比例＝$(16-8.5)/(14+7.5)×100\%=35\%$

第二步：计算两种饲料在配合料中所需的质量。

玉米： $1000×65\%=650$（kg）

浓缩料： $1000×35\%=350$（kg）

因此，配制含粗蛋白质为 16％的饲粮 1000kg，需用玉米 650kg 和浓缩料 350kg。

2. 方程组法（代数法）

方程组法也叫公式法或联立方程组法，即用二元一次方程来计算饲料配方。此法的特点是简单，适用于饲料原料种类少的情况，而饲料种类多时，计算较为复杂。

例如：已知现有含粗蛋白质 9.5％的能量饲料（其中玉米占 75％，大麦占 25％）和含粗蛋白质 40％的蛋白质补充料，现要配制含粗蛋白质 17％的配合饲料。

计算步骤：

第一步：假设配合饲料中能量饲料占 x％，蛋白质补充料占 y％。

$$x+y=100$$

第二步：能量饲料的粗蛋白质含量为 9.5％，蛋白质补充料粗蛋白质含量为 40％，要求配合饲料粗蛋白质含量为 17％。

$$0.095x+0.40y=17$$

第三步：列联立方程。

$$x+y=100 \qquad ①$$

$$0.095x+0.40y=17 \qquad ②$$

第四步：解联立方程。

$$x = 75.41$$
$$y = 24.51$$

第五步：求能量饲料中玉米、大麦在配合饲料中所占的比例。

玉米占比例＝75.41％×75％＝56.56％

大麦占比例＝75.41％×25％＝18.85％

3. 试差法

试差法又称为凑数法。这种方法首先要根据经验初步拟出各种饲料原料的大致比例（见表 3-7），然后用各自的比例乘以该原料所含的各种养分的百分含量，再将各种原料的同种养分含量相加，即得到该配方的每种养分的总量。将所得结果与饲养标准进行对照，若有任一养分超过或不足，可通过增加或减少相应的原料比例进行调整和重新计算，直至所有的营养指标都基本上满足要求。此方法简单，可用于各种配料技术，应用面广；缺点是计算量大，十分繁琐，盲目性较大，不易筛选出最佳配方，相对成本可能较高。

表 3-7　鸡常用饲料原料配比范围　　　　　　单位：％

饲料	育雏期	育成期	产蛋期	肉仔鸡
谷实类	55～65	50～60	55～65	55～75
植物性蛋白质类	20～25	12～18	18～26	20～35
动物性蛋白质类	0～5	0～5	0～5	0～5
糠麸类	≤5	10～20	≤5	0～15
粗饲料类（优质苜蓿粉）	0～5			

以"为产蛋鸡配合产蛋率＞80％的全价日粮"为例介绍试差法配合日粮的方法。

计算步骤：

第一步：查阅饲养标准及饲料成分表（或根据实测值）。首先根据营养标准先列出营养需要成分表，然后从鸡常用饲料营养成分表中一一查出手头现有饲料品种的营养成分，并在表 3-8 中列出。

表 3-8　产蛋鸡营养需要及饲料成分表

项目	代谢能/(MJ/kg)	粗蛋白质/%	钙/%	总磷/%	蛋氨酸+胱氨酸/%	赖氨酸/%	苏氨酸/%	精氨酸/%	异亮氨酸/%
营养需要									
产蛋率>80%	11.05	16.5	3.5	0.6	0.63	0.73	0.51	0.77	0.57
饲料成分									
玉米	14.05	8.60	0.04	0.21	0.31	0.27	0.31	0.44	0.29
豆饼	11.04	43.2	0.32	0.50	1.08	2.45	1.74	3.18	0.97
花生饼	12.26	43.9	0.25	0.52	1.02	1.35	1.23	5.10	1.34
鱼粉(秘鲁)	12.13	62.0	3.91	2.90	2.21	4.35	2.88	3.85	2.42
小麦	12.88	12.1	0.07	0.36	0.44	0.34	0.34	0.53	0.46
碎米	14.10	8.6	0.04	0.23	0.36	0.34	0.29	0.67	0.32
麦麸	6.57	14.4	0.18	0.78	0.48	0.47	0.45	0.95	0.34
骨粉			36.4	16.4					
贝壳粉			33.4	0.14					

第二步：算出部分饲料营养成分。确定一部分饲料比例，并列表计算出营养成分；然后用玉米、豆饼调整饲料能量、蛋白质和氨基酸。如确定小麦、碎米、花生饼各占 5%，麦麸、鱼粉各占 7%，骨粉、贝壳粉、食盐为 10%，则共为 39%，余下的 61% 用玉米、豆饼调整补足。现将算出的部分饲料营养成分值列于表 3-9。

第三步：调整补足饲料营养成分量。先算出玉米、豆饼用量，然后以蛋白质按营养标准要求调整其营养成分量。如余下的 61% 全用玉米，则可得代谢能 8.57MJ/kg（=0.61×14.05），粗蛋白质 5.246%（=0.61×8.6%），蛋氨酸+胱氨酸 0.189%（=0.61×0.31%）。与表 3-9 部分饲料营养成分计算值相加，则代谢能为 11.842MJ/kg，粗蛋白质为 13.824%，蛋氨酸+胱氨酸为 0.469%。与营养标准比较，代谢能多 0.792MJ/kg，粗蛋白质少 2.676%，蛋氨酸+胱氨酸少 0.161%。从饲料营养成分中可以查到，豆饼含粗蛋白质 43.2%，蛋氨酸+胱氨酸 1.08%；而玉米含粗蛋白质 8.6%，

表 3-9 部分饲料营养成分表

饲料类别	能量饲料			蛋白质饲料		矿物质饲料	合计
饲料名称	小麦	碎米	麦麸	花生饼	鱼粉	骨粉、贝壳粉、食盐	
占比/%	5	5	7	5	7	10	39
代谢能 /(MJ/kg)	0.05×12.88 $=0.644$	0.05×14.10 $=0.705$	0.07×6.57 $=0.460$	0.05×12.26 $=0.613$	0.07×12.13 $=0.849$		3.271
粗蛋白质 /%	0.05×12.1 $=0.605$	0.05×8.6 $=0.430$	0.07×14.4 $=1.008$	0.05×43.9 $=2.195$	0.07×62 $=4.34$		8.578
钙/%	0.05×0.07 $=0.004$	0.05×0.04 $=0.002$	0.07×0.18 $=0.013$	0.05×0.25 $=0.013$	0.07×3.91 $=0.274$		0.306
磷/%	0.05×0.36 $=0.018$	0.05×0.23 $=0.012$	0.07×0.78 $=0.055$	0.05×0.52 $=0.026$	0.07×2.90 $=0.203$		0.314
蛋氨酸+胱氨酸 /%	0.05×0.44 $=0.022$	0.05×0.36 $=0.018$	0.07×0.48 $=0.034$	0.05×1.02 $=0.051$	0.07×2.21 $=0.155$		0.280
赖氨酸 /%	0.05×0.34 $=0.017$	0.05×0.34 $=0.017$	0.07×0.47 $=0.033$	0.05×1.35 $=0.068$	0.07×4.35 $=0.305$		0.440
苏氨酸 /%	0.05×0.34 $=0.017$	0.05×0.29 $=0.015$	0.07×0.45 $=0.032$	0.05×1.23 $=0.062$	0.07×2.88 $=0.202$		0.328
精氨酸 /%	0.05×0.53 $=0.027$	0.05×0.67 $=0.034$	0.07×0.95 $=0.067$	0.05×5.10 $=0.255$	0.07×3.85 $=0.270$		0.653
异亮氨酸 /%	0.05×0.46 $=0.023$	0.05×0.32 $=0.016$	0.07×0.34 $=0.024$	0.05×1.34 $=0.067$	0.05×2.42 $=0.169$		0.299

蛋氨酸+胱氨酸 0.31%。豆饼的粗蛋白质含量比玉米高 34.6%，每用 1% 的豆饼代替 1% 的玉米，则可提高粗蛋白质 0.346%，提高蛋氨酸+胱氨酸 0.0077%。现粗蛋白质尚少 2.676%，要用 8% (2.676÷0.346) 的豆饼才能满足需要。如买到蛋氨酸，在日粮中可另加蛋氨酸，用 10.34% 的豆饼就可以了，否则就需要 19.74% 的豆饼，以保证氨基酸的平衡。现用 8% 的豆饼，计算整个饲料营养成分值并列于表 3-10。

表 3-10　调整后的饲料营养成分表

项目	部分饲料	豆饼	玉米	合计
占比/%	39	8	53	100
代谢能/（MJ/kg）	3.271	$0.08 \times 11.04 = 0.883$	$0.53 \times 14.05 = 7.447$	11.601
粗蛋白质/%	8.578	$0.08 \times 43.2 = 3.456$	$0.53 \times 8.60 = 4.558$	16.592
钙/%	0.306	$0.08 \times 0.32 = 0.026$	$0.53 \times 0.04 = 0.021$	0.353
磷/%	0.314	$0.08 \times 0.50 = 0.040$	$0.53 \times 0.21 = 0.111$	0.465
蛋氨酸＋胱氨酸/%	0.280	$0.08 \times 1.08 = 0.086$	$0.53 \times 0.31 = 0.164$	0.530
赖氨酸/%	0.440	$0.08 \times 2.45 = 0.196$	$0.53 \times 0.27 = 0.143$	0.779
苏氨酸/%	0.328	$0.08 \times 1.74 = 0.139$	$0.53 \times 0.31 = 0.164$	0.631
精氨酸/%	0.653	$0.08 \times 3.18 = 0.254$	$0.53 \times 0.44 = 0.233$	1.140
异亮氨酸/%	0.299	$0.08 \times 0.97 = 0.078$	$0.53 \times 0.29 = 0.154$	0.531

第四步：平衡磷、钙。

经计算，除钙 3.147%（3.5%—0.353%）、磷 0.135%（0.6%—0.465%）和蛋氨酸＋胱氨酸稍不足外，其他各项均基本达到或超过营养标准要求，补加贝壳粉 8.5%，则可增加钙 2.839%（33.4%×0.085），补加骨粉 1%，可增加钙 0.364%（36.4%×0.01），两者共增加钙 3.203%，并同时增加磷 0.16%（16.4%×0.01）。这样，钙、磷也都符合标准要求了。

第五步：列出日粮配方，即小麦 5%，碎米 5%，麦麸 7%，花生饼 5%，鱼粉 7%，玉米 53%，豆饼 8%，贝壳粉 8.5%，骨粉 1%，食盐 0.5%。

四、常用饲料原料掺假的识别

由于饲料原料价格上涨幅度较大，一些不法分子在利益驱使下向饲料原料中掺假夹杂，使原料质量很难鉴定，造成蛋鸡采食量高且蛋重小等问题。

1. 豆粕

经销商常用大片麸皮、稻壳、米糠等和磨细的黄土、玉米面混合制成细小颗粒，然后着上色做成"豆粕料"，也有单用磨细的黄土制粒着色的，掺在豆粕内，致使豆粕粗蛋白质含量降至30%以下。其识别方法主要有：

（1）闻　掺有"豆粕料"的豆粕由浓香变为淡淡的香或根本无香味。

（2）看　豆粕颜色淡黄，加热温度高的呈深黄色，不掺假的光泽非常明显，而掺有"豆粕料"的豆粕整体光泽度降低，特别是"豆粕料"基本没有光泽度；把粒度整齐、偏大的取走后，剩下细小的，然后用右手食指和拇指捏起，使劲一搓，一看便知，真正的豆粕，即使是再细小的颗粒，用两个手指也是搓不细的。

（3）尝　真豆粕有豆香味，而掺假的无味（玉米面、石粉等）或有泥土味（掺黄土、泥沙等）。

（4）水浸　取适量样品放入大玻璃杯中，用水浸泡2h，然后用一小棒轻轻搅动，若有分层现象的，上层为豆粕，中层为玉米面（饼），下层为黄土、钙粉、石粉等。

（5）滴碘酊　取少量样品放于载玻片上，在样品上滴几滴碘酊，1min后若有物质变为蓝黑色，就证明掺有玉米面、麸皮、稻壳等。

2. 棉粕

主要是掺入红土、膨润土、褐色沸石粉或砂石粉制作，也有用钙粉、各色土、麸皮、米糠、稻壳经加工制粒、着色制成"棉粕料"的。

棉粕掺假识别方法：棉粕因产地不同、加工的工艺流程不一样，导致生产的棉粕颜色、质量也不同，应根据具体情况具体分析，用感观检查配合水浸法鉴别比较容易，也比较准确。

3. 鱼粉

鱼粉中经常掺羽毛粉、血粉、皮革粉、玉米蛋白粉、小麦次粉、鱼油、骨粉、贝壳粉、尿素、铵盐等。其识别方法主要有：

（1）闻　质量好的鱼粉有淡淡的鱼香味，无鱼腥味、怪味或刺鼻的氨味。

现代蛋鸡养殖关键技术精解

（2）看　随产地（秘鲁、日本、俄罗斯、中国近海）和鱼种（秘鲁诺贝沙丁鱼、日本沙丁鱼、俄罗斯白鱼、中国近海鱼等）及加工工艺不同而不同，但颜色和光泽是一致的，颗粒大小是一致的，可看到大量疏松的鱼肌纤维和少量的鱼眼、鱼刺、鱼鳞。

（3）尝　好的鱼粉用嘴品尝有鱼香味无怪味，含在嘴中易化，而掺假的根本不化。

（4）水浸　取少量鱼粉投入盛水的玻璃杯中，用一小棒轻轻搅动，质量好的鱼粉很快沉入杯底，水是清的，没有漂浮物，但质量次的或掺假的搅拌后水浑浊，沉淀缓慢，上面还有漂浮物。掺假品种多、数量大的可以在不同层面反映出来。

（5）气味检测　将适量样品放入密闭的能加热的容器中（最好用带盖的锥形瓶）加热 15min，然后开盖，如能闻到氨气味，说明掺有尿素。

4. 骨粉

骨粉常掺有贝壳粉、沸石粉、细沙等。骨粉的识别，只要将大粒和细小粉状物分开，再仔细观察细小物就可看出。

① 纯正骨粉有其固有气味，而掺假骨粉这种气味减少或很淡。

② 纯正骨粉呈灰白色细小颗粒粉状，而掺假骨粉色泽发白或发暗。

③ 取少量样品放入试管中，置于火上烧烤，骨粉产生蒸气，随后产生刺鼻烧毛发的气味，掺假骨粉产生的蒸气和气味少，甚至无蒸气和气味。

④ 取少量样品放入稀盐酸中，纯正骨粉会发出短时间的"沙沙"声，颗粒表面不产生气泡，最后全部溶解变浑浊，掺假骨粉则无此现象。

5. 氨基酸

氨基酸（主要是蛋氨酸和赖氨酸）中常掺有淀粉、葡萄糖、石粉等。

其主要识别方法是：蛋氨酸为纯白或淡黄色结晶，有光泽，有甜味；掺假物是细小粉状物，光泽度低，有怪味、涩感。赖氨酸为乳白或淡黄褐色颗粒结晶或细小粉状物，光泽度低，有酸味，掺假后酸味降低。可以采取溶解法来鉴别，取 1g 样品溶于 50mL 蒸馏水中，如能全部溶解则为真，如瓶底有少量不溶物或水中有悬浊物则为假。

6. 麸皮

麸皮中常掺有稻壳、花生糠、锯末、滑石粉、钙粉等。

其主要识别方法是：拿手轻轻敲打装有麸皮的包装，如果有细小白色粉末弹出来，就证明掺有滑石粉或钙粉；用手插入麸皮中再抽出，如果手上沾有白色粉末，容易抖落的是残余面粉，不易抖落的是滑石粉、钙粉；用手抓起一把麸皮使劲擦，如果成团，则为纯正麸皮，如果手有涨的感觉，就可能含有稻壳、锯末、花生糠等。

第四章　蛋鸡的孵化技术

近年来，随着生活水平的提高，人们对鸡蛋的需求量越来越大，蛋鸡养殖规模也不断增大，进而拉动了蛋鸡孵化产业的不断发展。目前规模化蛋鸡孵化，大多采用孵化器进行孵化。蛋鸡孵化过程中每一个细节都不能马虎，像种蛋挑选及温度、湿度、通风的控制，以及翻蛋、雏鸡挑选、雌雄鉴别、出场前免疫等各个环节，一旦方法不科学，都会对孵化率、雏鸡的质量等造成影响，进而影响到孵化场的信誉和效益。在蛋鸡孵化的整个流程中，怎样做才是科学的呢？

第一节　种蛋的选择、消毒、保存及运输

不是每一枚种蛋都可以用来孵化，即使是优良种鸡群的蛋也是如此。种蛋质量的好坏，是育种与经营成败的关键之一，对雏鸡的质量及成鸡的生产性能都有很大的影响。因此，必须对种蛋进行严格的选择。种蛋质量好，胚胎发育良好，生活力强，孵化率高，则雏鸡质量好；反之，种蛋品质低劣，孵化率低，则雏鸡生长发育不良，难以饲养。种蛋的选择，首先要考虑种蛋的来源，然后进行外观、听音、照蛋透视、剖视抽查等方法选择。种蛋必须来自生产性能高而稳定、繁殖力强、无经蛋传播的疾病（如白痢、马立克氏病、支原体病等）、饲喂全价饲料和管理完善的种鸡群。合格种蛋与不合格种蛋的孵化成绩见表4-1。

表 4-1　合格种蛋与不合格种蛋的孵化成绩　　单位：%

项目	受精率	受精蛋孵化率	入孵蛋孵化率
正常蛋	82.3	87.2	71.7
裂壳蛋	74.6	53.2	39.7
畸形蛋	69.1	48.9	33.8
薄壳蛋	72.5	47.3	34.3
气室不正常蛋	81.1	68.1	53.2
大血斑蛋	80.7	71.5	56.3

一、种蛋的选择

优良的种鸡所生的蛋并不全部是合格种蛋，必须严格进行选择，这样种蛋的孵化率才高，孵出的鸡苗质量才好，也就是"好蛋出好苗，雏鸡品质高"。蛋的构造见图 4-1。

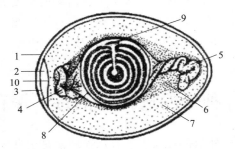

图 4-1　蛋的构造

1—卵壳；2—气室；3—外壳膜；4,5—系带；6—浓蛋白；
7—稀蛋白；8—卵黄膜；9—胚胎；10—内壳膜

1. 种蛋的来源

种蛋品质的优劣是由遗传和饲养管理决定的。所以种蛋必须来源于生产性能高、无经蛋传播的疾病、受精率高、饲喂营养全价的饲料、管理良好的种鸡群。该种鸡群的受精率应在 80% 以上，无严重传染病或患病初愈，无慢性病。如果需要外购种蛋，应事先调查种鸡群的健康状况和饲养管理水平，签订供应优良种蛋的合同。

2. 种蛋的选择方法

外观选择主要从以下几方面进行：

（1）新鲜度　新鲜种蛋外观上有薄薄的一层霜，有透视感。

（2）清洁度　合格种蛋的蛋壳上不应该被粪便或破蛋液污染。用脏蛋入孵，不仅本身的孵化率降低，而且还污染了其他正常种蛋和孵化器，增加了腐败蛋和死胚蛋，导致孵化率降低和雏鸡质量下降。轻度污染的种蛋可以入孵，但一定要用消毒液洗去污物。

（3）蛋重　种蛋的大小要适中，过大或过小的种蛋都会影响孵化率和雏鸡的质量。一般要求蛋用鸡种蛋重为 50～65g，肉用鸡种蛋重为 52～68g。如蛋重过大，受精率和孵化率都低，且需要的孵化时间长；如果蛋重过小，雏鸡体重小，而且孵化过程中易因蛋白质不足、水分缺乏而死亡。生产中 24 周龄以前的蛋不作种蛋用。

（4）蛋的形状　正常种蛋的形状为椭圆形。过长、过圆、两头尖及其他畸形蛋不宜作种蛋，都应剔除。

（5）蛋壳厚度　蛋壳应厚薄均匀、光滑，具有较好的透视性，厚度以 0.33～0.35mm 为宜。蛋壳过厚的钢皮蛋、过薄的沙皮蛋以及皱纹蛋都不宜作种蛋用。蛋壳过厚，蛋内水分蒸发较慢，出雏困难；蛋壳过薄，蛋内水分蒸发过快，不利于胚胎发育，易使胚胎脱水死亡。

（6）蛋壳颜色　蛋壳颜色应符合本品种要求。如京白鸡蛋壳颜色应为白色，而伊莎褐蛋鸡蛋壳应为褐色，但如孵化商品杂交鸡，蛋壳颜色不必相同。蛋壳颜色深浅不均或有花纹，说明是水湿蛋，不能用来孵化。

（7）碰击听声　目的是剔除破蛋。方法是：两手各拿 3 个蛋，转动五指，使蛋互相轻轻碰撞，听其声音，完整无损蛋的声音清脆，破蛋可听到破裂声。破蛋在孵化过程中，蛋内水分蒸发过快，细菌容易侵入，影响胚胎的正常发育，因此孵化率低。

（8）照蛋透视　主要目的是剔除裂纹蛋，气室破裂、气室不正、气室过大的陈旧蛋，以及大块血斑、肉斑蛋。方法是用照蛋灯照检，如果蛋黄上浮，多是由于运输过程受震动或种蛋保存时间过长造成的；蛋黄沉散，多是由于运输过程受震动或细菌侵入种蛋造成的；裂纹蛋可以看到树枝状的亮纹；沙皮蛋可见很多一点一点的亮点；血斑、肉斑蛋可见白点、暗红色点或黑点，转蛋时这些点随之转动。

二、种蛋的消毒

鸡蛋产出后，蛋壳上附着的许多微生物即迅速繁殖，细菌可通过气孔进入蛋内，这对孵化率和雏鸡质量都有不利的影响，尤其是鸡白痢、支原体病、鸡马立克氏病等，能通过蛋将疾病垂直传给后代，其后果十分严重，所以必须对种蛋进行严格消毒。

1. 消毒的时间

就理论上来说，种蛋消毒最好在鸡蛋刚产出后立即进行，但在生产实践中不可能做到，切实可行的办法是在每次收集种蛋后，立刻在鸡舍里的消毒室消毒或立即送孵化室消毒，最好不要等全部集中到一起再消毒，更不能将种蛋放在鸡舍里过夜。由于消毒过的种蛋仍会被细菌重新污染，因此，种蛋入孵后，仍应立刻在孵化机里进行第二次消毒。

2. 消毒方法

（1）福尔马林熏蒸消毒法　每次收集完种蛋，拣出脏蛋、破壳蛋、畸形蛋，立即在鸡舍消毒室消毒，每立方米容积用 42mL 福尔马林和 21g 高锰酸钾，在温度 20～24℃以上、相对湿度 75％～80％以上的条件下，熏蒸 30min。在孵化机里进行第二次消毒，一般用福尔马林 28mL 和高锰酸钾 14g 熏蒸 30min。如果只在入孵时进行一次消毒，一般每立方米用福尔马林 14mL 和高锰酸钾 7g，熏蒸 1h。在孵化机内消毒时应避开 24～96h 胚龄的胚蛋。如种蛋从蛋库移出后，蛋壳上凝有水珠，应提高温度，待水珠蒸发后再进行消毒，否则对胚胎不利。

（2）新洁尔灭消毒法　以 1∶1000（5％原液＋50 倍水）新洁尔灭溶液喷洒于蛋表面，或在 40～50℃的该溶液中浸泡 3min，取出晾干后置于孵化机内进行孵化。

（3）高锰酸钾消毒法　取高锰酸钾 10g，加清洁水 50L，种蛋于 40℃的该溶液中浸泡 2min，取出晾干后入孵。

（4）紫外线照射及臭氧发生器消毒法　紫外线照射消毒法是用紫外线光源离种蛋 40cm，照射 1min，背面再照射 1 次。

臭氧发生器消毒法是把臭氧发生器装在消毒柜及小房间内，放入种蛋后关闭所有气孔，使室内的氧气变成臭氧，达到消毒的目的。

三、种蛋的保存

经过选择的种蛋，或从种鸡舍捡出的种蛋，如不马上入孵，就应该置于种蛋贮存室保存。种蛋的保存对种蛋的质量和孵化十分重要。如保存不当，会导致孵化率降低，甚至造成无法孵化的后果。保存种蛋应有专用的种蛋贮存室，并要求隔热性能好，清洁，防尘沙，杜绝蚊蝇老鼠，能防阳光直晒和穿堂风，有条件的可备有空调机、排风扇等，以便调节贮存室的温湿度及通风。

1. 种蛋保存的适宜温度

种蛋保存最适宜的温度应在 10～15℃。若保存时间短，可采用温度上限；若保存时间长，则应采用温度下限。由于鸡胚发育的临界温度为 23.9℃，因此，种蛋保存的环境温度一般要低于 20℃，最高不得超过 24℃。还应注意，刚产出的种蛋降到保存温度应是一个渐进的过程，因为胚胎对温度大幅度变化非常敏感，逐渐降温才不会损害胚胎的生活力。一般降温需要一天左右。

种蛋保存最适宜温度：保存 1 周以内的，以 15～17℃为好；保存超过 1 周的，以 12～14℃为宜；保存超过 2 周应降至 10.5℃。

2. 种蛋保存的相对湿度

种蛋保存期间，蛋内水分通过气孔不断蒸发，其速度与贮存室内的相对湿度成反比。为了尽量减少蛋内水分蒸发，必须提高贮存室的相对湿度，一般以保持在 65%～70%为宜。

3. 种蛋保存期内的转蛋

保存期内应进行转蛋，目的是防止蛋黄与壳膜粘连，以免胚胎早期死亡；保存时间在 1 周内的可不必转蛋；保存时间超过 1 周时，每天转蛋 1～2 次为好。

4. 种蛋保存的时间

种蛋的保存时间对孵化率有较大的影响，在适当的环境中（如有空调设备的种蛋贮存室）保存期在 2 周以内，孵化率下降幅度小；保存期在 2 周以上，孵化率下降较显著；保存期在 3 周以上，孵化率则急剧下降。因此，一般种蛋保存时间在 1 周以内为宜，最多不要超过 2 周。如无适宜的保存条件，可视气候情况而定，天气凉爽（早春、初秋），保存时间可相对长些，一般 10 天左右；严冬酷暑，保存时间应相对短些，一般 5 天以内为宜。

5. 种蛋的放置方位

一般认为种蛋在保存期间应该小头向上竖放，这样对提高孵化率有利。

四、种蛋的运输

种蛋一定要包装好，最好用特制的纸箱和蛋托。也可因陋就简，就地取材，如用纸箱、木盆、篓篓等。装蛋时尽量在蛋与蛋、层与层之间充填碎纸、木屑、谷壳等垫料，但这些垫料一定要干燥清洁。包装时应进行选蛋，剔除明显不合格的种蛋，尤其是破蛋，有条件的还可进行种蛋消毒。包装要牢固，并做到轻装轻放。包装箱外用绳子或包装带捆牢，并注明"种蛋""不要倒置""易碎""防雨""防震"等字样。运蛋时要求快速而平稳，最好是空运或船运，其次是火车运输。运输中要防止强烈震动，减少颠簸。运输种蛋还要考虑季节，夏季要防日晒、高温，冬季要防冻裂和注意保温。运输种蛋到达目的地后，应尽快开箱检验，拣出破损蛋，被破蛋液污染的种蛋要用软布擦拭干净，然后装盘、消毒、入孵。

第二节　孵化条件的控制

种蛋的孵化期为 21 天，但胚胎发育的确切时间受许多因素

（如经济类型、品种、种蛋质量、孵化条件等）的影响，孵化期过长或过短对孵化率和雏鸡品质都有不良的影响。鸡胚胎在母体外发育，主要靠外界条件，即温度、相对湿度、通风换气、翻蛋等。要想获得理想的孵化效果，就必须创造适合鸡胚胎发育的最佳孵化条件。

一、温度

温度是种蛋孵化中的首要条件，只有在适宜的温度下鸡胚胎才能正常生长和发育。

1. 胚胎发育的适宜温度范围和孵化最适温度

鸡胚胎发育的适宜温度为 37～39.5℃。胚胎发育的不同时期，要求的温度条件不同。在胚胎发育的初期需要的温度较高，因为这一时期胚体小，物质代谢处于低级阶段，产热少；在胚胎发育的中后期，随着胚胎的逐渐长大，物质代谢逐渐增强，自身产热量也在逐渐加大，特别是孵化后期，胚胎自身产生大量的热，会造成种蛋的温度高于孵化温度，因而需要的孵化温度较低。选择最佳孵化温度时，既要考虑胚胎发育不同时期的需要，又要考虑蛋的大小、蛋壳质量、种蛋保存时间、孵化的方法及遗传等因素对孵化温度的影响。总地来说，孵化温度，蛋鸡低于肉鸡或肉蛋兼用型鸡，小蛋低于大蛋，立体孵化低于平面孵化，夏季低于早春。在生产实践中，要根据实际情况，选择和掌握最佳的孵化温度。

2. 变温孵化与恒温孵化

在孵化生产中，一般孵化给温有两种方法：一种是恒温孵化，另一种是变温孵化。

（1）恒温孵化 一般在分批入孵时，采用恒温孵化方法。在入孵第一批种蛋时适当把温度提高 0.5～1.0℃，以后将种蛋的 21 天孵化期分为 1～19 天和 20～21 天两个阶段，具体实施方案见表 4-2。

（2）变温孵化 整批入孵时一般采用变温孵化方法，温度掌握"前高后低"的原则。变温孵化是根据不同的孵化机、不同的环境温度和鸡的不同胚龄，给予不同的温度。具体实施方案见表 4-3。

表 4-2　恒温孵化的实施方案

孵化室温度 /℃	孵化机内温度/℃	
	孵化 1～19 天	孵化 20～21 天
12.8	38.9	37.5
18.3	38.5	37.5
23.9	38.3	37.5
29.5	38.0	37.5
32.2	37.5	37.2

表 4-3　变温孵化的实施方案

孵化室温度 /℃	孵化机内温度/℃			
	入孵 1～6 天	入孵 7～12 天	入孵 13～19 天	入孵 20～21 天
12.8	39.5	38.9～38.5	38.3	37.5
18.3	39.2	38.9～38.5	38.5	37.5
23.8	38.9	38.5～38.3	37.8	37.5
29.5	38.5	38.0	37.5	37.0
32.2	38.0	37.5	37.0	37.0

孵化生产中，无论是恒温孵化还是变温孵化，应将孵化室温度保持在 20～25℃，以获得最佳孵化温度。如孵化室温度低于此温度，应加温，如果无条件加温，则应提高孵化温度 0.5～0.7℃；如果孵化室温度高于此温度，则应降低孵化温度 0.2～0.5℃。

3. 孵化温度高或低对胚胎发育的影响

在高温环境下孵化，能加速胚胎发育，使孵化期缩短，但胚胎发育过快，死亡率增加，孵出的雏鸡体质也差。如孵化温度超过 42℃，胚胎 2～3h 就死亡；5 胚龄胚蛋，孵化温度达 47℃时，2h 全部死亡。如果孵化温度过低，则胚胎发育迟缓，孵化期延长，死亡率增加。当孵化温度为 35.6℃时，胚胎大多死于壳内。孵化温度与孵化率、孵化期的关系见表 4-4，供参考。

表 4-4　孵化温度与孵化率、孵化期的关系

温度/℉	受精蛋孵化率/%	所需孵化时间/天	温度/℉	受精蛋孵化率/%	所需孵化时间/天
96	10		101	85	21
97	50	22.5	102	75	19.5
98	70	21.5	103	75	
99	80	21	104	50	
100	88	21			

注：$c = 5/9 \times (f - 32)$ 或 $f = 9/5 \times c + 32$。式中，c 为摄氏温度，℃；f 为华氏温度，℉。

在生产中也可运用查表的方法进行华氏温度和摄氏温度的换算，其换算见表 4-5，供参考。

表 4-5　摄氏温度与华氏温度换算

c/℃	f/℉	c/℃	f/℉	c/℃	f/℉	c/℃	f/℉	c/℃	f/℉	c/℃	f/℉
0	32.0	8	46.4	16	60.8	24	75.2	32	89.6	38.5	101.3
1	33.8	9	48.2	17	62.6	25	77.0	33	91.4	39	102.2
2	35.6	10	50.0	18	64.4	26	78.8	34	93.2	39.5	103.1
3	37.4	11	51.8	19	66.2	27	80.6	35	95.0	40	104.0
4	39.2	12	53.6	20	68.0	28	82.4	36	96.8	41	105.8
5	41.0	13	55.4	21	69.8	29	84.2	37	98.6	42	107.6
6	42.8	14	57.2	22	71.6	30	86.0	37.8	100.0	43	109.4
7	44.6	15	59.0	23	73.4	31	87.8	38	100.4	44	111.2

在孵化生产中，尤其要防止胚胎发育早期（1～6 天）在低温下孵化，出雏期间一定要避免在高温下孵化。

注意：前文所述的孵化温度是指孵化期给温的温度，在生产中大多是观察孵化机上的门表温度。在孵化生产中有三种温度：孵化给温、胚胎发育温度和门表温度。孵化给温是指固定在孵化机内感温元件所控制的温度，它是由人工控制的，当孵化机内温度高于设定温度时，能自动切断电源停止加温，温度低时可自动接通电源开始加温。胚胎发育温度随胚龄的增加而增加，如 8 胚龄蛋温度为 37.9℃，19 胚龄则达到 40.1℃。门表温度指挂在孵化机观察窗上的温度计所指示的温度。只有孵化机设计合理、性能良好时，门表

温度才可以认为是孵化机给温。

二、相对湿度

1. 胚胎发育的适宜湿度范围和孵化最适湿度

在孵化过程中，一定要防止高温高湿。适当的湿度可以使孵化初期的胚胎受热均匀，在孵化后期，一方面有助于胚胎散热，另一方面，落盘后有足够的湿度，在空气中二氧化碳的作用下，能使蛋壳的碳酸钙变成碳酸氢钙，蛋壳变脆，使雏鸡易啄破蛋壳。鸡胚胎发育对环境相对湿度的适应范围比温度要宽些，只要温度适宜，湿度一般为40%～70%时胚胎均能适应。立体孵化机最适湿度为50%～65%，出雏器为65%～70%。孵化室、出雏室湿度要保持在65%～70%，湿度不够时，可在地面洒水，冬季洒热水，夏季洒凉水；湿度过高时，要加强室内通风，使水分散发。胚胎发育的不同阶段，对湿度要求也不一样。孵化初期，湿度应稍高，相对湿度应保持在60%～65%；在孵化中后期，湿度应低些，维持在50%～55%；当破壳出雏时，湿度应高些，保持在65%～70%。在实际生产中应根据孵化机的类型和孵化方式灵活掌握。总之，孵化湿度应掌握"两头高中间低"的原则。

2. 湿度对胚胎发育的影响

在种蛋孵化过程中，只有保证一定速度的蛋内水分蒸发，胚胎才能正常发育，孵出的雏鸡质量才好。如湿度过低，蛋内水分蒸发过快，易引起胚胎与壳膜粘连，胚胎易脱水而死亡，孵出的雏鸡体重小、瘦弱，毛短，毛稍发焦；相反，湿度过高时，会阻止蛋内水分的正常蒸发，影响胚胎的发育，孵出的雏鸡肚子大，站立不稳，脐部愈合不良，且带血，卵黄不能完全被吸收。因此，相对湿度过高或过低都会影响胚胎发育中的正常代谢，对孵化率及雏鸡的质量都有影响。

三、通风换气

孵化过程也是胚胎的代谢过程。鸡胚在发育过程中，不断地进行气体交换。通风可保证胚胎氧气的吸入和二氧化碳的排出，而且需氧量随着胚龄的增加而增加，尤其是 18～19 胚龄以后，胚胎开始用肺呼吸，需要的氧气更多。孵化机的通风换气不仅能提供胚胎发育所需的氧气并排出二氧化碳，还起着驱散余热、保持孵化机内温度均匀的重要作用。在正常通风条件下，孵化机内氧气含量为 21%，二氧化碳含量为 0.5%，此时孵化率最高。当二氧化碳含量达 1% 时，鸡胚胎发育缓慢，出现胎位不正和畸形及死亡率升高等现象；当二氧化碳含量超过 1% 时，每增加 1%，孵化率下降 15%；当氧气含量低于 21% 时，每下降 1%，孵化率下降 5%。所以，孵化过程中通风换气对鸡胚胎的正常发育是非常重要的。孵化过程中，通风换气量的大小根据胚胎发育阶段及孵化机内温度和湿度的情况而定。孵化初期，通风量可小些，此时孵化机通气孔只需打开 1/4～1/3，以后随着孵化时间的延长，通风量要加大，通气孔要逐渐增大，到后期通气孔应全部打开。总之，如果孵化机内温度适宜，通风愈畅通愈好。

　　另外，孵化室内的通风换气也是一个不可忽视的问题。除了保持孵化机与天花板的适当距离外，还应安装通风设备，以确保孵化室内有新鲜空气。但必须把孵化机和孵化室的通风设备分开，从孵化机排出的空气要直接排到室外的大气中，严禁将孵化机中污浊的空气排入孵化室中，以防造成不良的空气循环，降低孵化率。但也要防止贼风袭击。

　　通风换气、温度、相对湿度三者之间有密切的关系。通风良好，孵化机内温度均匀，湿度小，则有利于胚胎发育；通风不良，空气不流通，湿度就大，空气不新鲜，不利于胚胎发育；通风过度，则使温度和湿度都不能达到鸡胚生长发育的要求，孵化率就降低。在注意通风量大小的同时，还要注意风速应保持均匀，风最好不要直接吹在种蛋上。通风量对种蛋孵化率的影响见表 4-6。

表 4-6　通风量对种蛋孵化率的影响

每小时通风量/m³	0.27	0.53	0.73	5.21	5.39	11.2
孵化率/%	12.7	25.3	42.6	69.8	86.0	84.7

　　如采用炕孵、热水袋孵等其他孵化方法，则胚蛋直接暴露于室

内空气之中，所以既要保持室内的温度、湿度，还要注意室内的通风换气，保持室内空气新鲜。

四、翻蛋

在孵化过程中，鸡胚位于蛋黄的表面，而蛋黄含脂肪多，相对密度较小，总是浮在上面，因此，如果长时间不翻蛋，鸡胚就易与壳膜粘连，造成死胚。经常翻蛋可以保证胚胎受热均匀，可防止其与壳膜粘连，也有助于胚胎运动，有利于胚胎正常发育。

一般从入孵第一天开始翻蛋，每2h翻蛋一次，一昼夜12次。翻蛋角度以水平位置前俯后仰各45°为宜，并注意动作要轻、稳、慢。翻蛋在孵化的第一周最重要。机器孵化时，到14日龄即可停止翻蛋。移盘在孵化满19天或者在啄壳率占5%时较合适。最好不要在第18天移盘，因为第18天胚胎生理发生的变化很大，移盘时环境条件又发生变化，所以，容易造成胚胎死亡，孵化率降低。

五、凉蛋

凉蛋多在孵化的后期或夏季孵化时进行。凉蛋的作用是给胚胎一个冷刺激，排除孵化机内的余热和污浊空气，使胚胎得到更多的新鲜空气，从而有利于胚胎发育。

1. 凉蛋的方法

种蛋入孵5～10天，每天凉蛋1～2次；11～17天，每天凉蛋2～3次；从18天到大量出雏，每天凉蛋3～4次。鸡胚在第17天前，采用不开门、关闭电热、风扇鼓风的凉蛋方式；第17天后采用开门、关闭电热、风扇鼓风以及蛋盘抽出的方式，让其自然冷却或在蛋面喷凉水。一般将胚蛋温度降到30～33℃，眼皮稍感微凉即可，再重新关上孵化机门孵化，每天定时凉蛋2次。凉蛋时间依季节、室温及发育程度而定，一般为30min。

2. 凉蛋时机

凉蛋并不是必需的孵化环节，应根据胚胎发育情况、孵化天数、气温及孵化机性能等具体情况灵活掌握。在孵鸡蛋时，如孵化机设计合理、通风良好，可不进行凉蛋；胚胎发育偏慢，一定不要凉蛋；大批出雏后，不仅不能凉蛋，而且还应将胚蛋集中放在出雏机顶层；孵化机通风换气系统设计不合理、通风不良时，必须凉蛋。除机器孵化外的其他孵化方法均应每昼夜凉蛋 2～4 次，凉蛋的时间应根据季节和蛋温灵活掌握。

六、孵化场卫生条件

经常保持孵化场地面、墙壁、孵化设备和空气的清洁卫生是很重要的。有些新孵化场在一段时间内，孵化效果较好，孵化了一段时间后，已经摸清了孵化机的性能和孵化的技术要领，但是孵化效率反而降低，其原因是：孵化机及孵化设备没有进行定期消毒，胚胎长期在污染严重的环境中发育，从而导致孵化率和雏禽质量下降。

1. 工作人员的卫生要求

工作人员在进场前，必须进行淋浴更衣，每人一个更衣柜，并定期进行消毒。运种蛋和接雏人员不能进入孵化场，更不能进入孵化室。孵化场仅设内部办公室，供本场工作人员使用，对外办公室和供销部门应设在隔离区之外。

2. 两批出雏之间的消毒

孵化场极易成为疾病的传播场所，所以应进行彻底的消毒，特别是两批出雏间的消毒。洗涤室和出雏室是孵化场受污染最严重的地方，必须认真彻底地消毒。在每批孵化结束之后，立即对设备、用具和房间进行冲洗消毒。注意消毒之前必须进行冲洗，只有彻底冲洗后，消毒才有效。为了避免绒毛飞扬，可采用湿扫法。

（1）孵化机及孵化室的清洁消毒　取出孵化盘及加湿的水盘，先用清水洗，再用消毒水洗涤。孵化室地面、墙壁用高压水冲洗，然后用消毒水喷雾消毒。最后用福尔马林熏蒸消毒法分别对孵化机及孵化室进行消毒。

（2）出雏器及出雏室的消毒　首先取出出雏盘，将死胚蛋（毛蛋）、死弱雏、鸡蛋壳收集在塑料袋中，出雏盘送洗涤室浸泡于消毒液中；然后清扫出雏室地面、墙壁、天花板，冲刷出雏器内、外表面，并用消毒液喷雾消毒；最后用福尔马林熏蒸消毒法分别对出雏器及出雏室进行消毒。

（3）洗涤室及雏鸡存放室的消毒 洗涤室污染最严重，应特别注意清洗消毒。先用高压水枪冲洗地面、墙壁、天花板，然后进行熏蒸消毒。雏鸡存放室也应冲洗消毒后，再进行熏蒸消毒。

第三节 孵化效果的检查与分析

在孵化过程中，要经常不断地对孵化效果进行检查。常用的方法有看胎施温、称体重、观察出雏情况及分析死亡曲线等。

一、看胎施温技巧

种蛋在孵化过程中，要获得高的孵化率，关键是种蛋的质量和孵化条件。在孵化条件中，温度是关键。看胎施温是根据胚胎的发育情况，给予适当的孵化温度，从而达到较高的孵化率。

1. 孵化测温技术

孵化机内温度是否准确决定了孵化的成败。一般多用挂在孵化机窗口的温度计（门表）测定机内温度。由于门表温度有时与胚蛋的受热温度不同，所以在孵化前一定要对温度表进行校正：将10支左右的温度计放在孵化架蛋盘的上、下、左、右、前、后、边、心处，再打开孵化机，待检查几次，确定这几点温度大约一致时，即可记下门表的温度，同时调好控制系统，即以孵化机内温度确定窗口温度。在入孵之后，把温度计再放到蛋面上，其位置与前一次相同。当其达到孵化温度时，记下门表温度，再看控制系统是否灵敏。如果一切正常，即可进行孵化。

胚蛋面温度可采用眼皮测温。眼皮测定胚蛋小头的温度，如感到蛋凉即表明胚蛋受热温度低；烫眼皮即表明胚蛋受热温度高。一般胚蛋测温分为五级：有点烫眼皮，温度约为39.4℃；稍有点烫眼皮，温度约为38.9℃；感觉有点热但不烫眼皮，温度约为38.3℃；感觉有热度但热度稍低，温度约为37.8℃；感觉稍有点热度，温度约为 37.2℃。

2. 照蛋看胎技巧

在孵化过程中，为了保证孵化率，从入孵的第一天起，一直到出雏，要随时检查孵化温度是否合适，如有问题，要及时分析问题、调整温度。判断温度是否合适的关键是看胚胎发育情况。胚蛋的正常特征为：

入孵第 1 天，照蛋时可以看到蛋黄表面上有一个透明的圆点，随蛋黄游动，俗称"鱼眼珠"；

入孵第 2 天，照蛋时可以看到胚胎的形状很像樱桃，俗称"樱桃珠"；

入孵第 3 天，照蛋时胚胎和伸展的卵黄囊血管形状像一只静止的小蚊子，俗称"蚊子珠"；

入孵第 4 天，照蛋时蛋黄不易转动，胚体增大，胚胎和伸展的卵黄囊血管形状像一只静止的小蜘蛛，俗称"小蜘蛛"；

入孵第 5 天，照蛋时可以明显看到黑色的眼点，俗称"起珠"或"单珠"；

入孵第 6 天，照蛋时胚胎头和躯体呈纺锤形，俗称"双珠"；

入孵第 7 天，照蛋时蛋的半边布满血管，胚胎在羊水中不易看清，俗称"七沉"；

入孵第 8 天，照蛋时胚胎在羊水中游动，容易看清，背面两边蛋黄不易晃动，俗称"八浮"；

入孵第 9 天，照蛋时蛋的背面尿囊血管伸过卵黄囊，正面两边蛋黄容易晃动，胚胎在蛋内可上下翻动，俗称"晃得动"或"九翻身"；

入孵第 10 天，照蛋时整个蛋除气室外均布满了血管，俗称"合拢"；

入孵第 11、12 天，照蛋时可以看到血管加粗，颜色加深；

入孵第 13～16 天，照蛋时蛋内黑影部分逐渐增大，小头发亮的部分逐渐缩小，蛋白几乎全部被吸收；

入孵第 17 天，照蛋时蛋小头看不到发亮部分，全部变黑，俗称"关门"或"封门"；

第四章 蛋鸡的孵化技术

入孵第 18 天，照蛋时气室向一侧倾斜，胚胎微动，俗称"斜口"或"转身"；

入孵第 19 天，照蛋时可见除气室外，胚胎已占据整个蛋内空间，在气室可见喙、颈、翅闪动的黑影，俗称"大闪毛"；

入孵第 20、21 天，雏鸡开始用喙穿破壳膜伸入气室内，能听到雏鸡的叫声，然后开始啄壳、出壳。

二、生产中照蛋的合适时机

照蛋是检查胚胎发育情况的方法之一。整个孵化期，一般照蛋 1～3 次。第 1 次照蛋（头照）在入孵第 5 天，主要拣出无精蛋，掌握胚胎发育情况，调整孵化温度。如果第 5 天时可见到些羊水，看到的是正常时第 4 天的"小蜘蛛"，说明胚胎发育迟 1 天，应迅速提高孵化温度 0.2℃左右；如果照蛋时看到的是两个小圆团，即是"双珠"，且可看到羊水，说明发育过快，应马上降低温度 0.2℃左右。第 2 次照蛋在入孵第 10～11 天，抽检孵化机中不同部位胚胎的发育情况，调整孵化温度。正常蛋应该除气室外都布满血管，如果照蛋时发现还有"白空"（即无血管区）存在，说明温度偏低，胚胎发育缓慢，应提高孵化温度 0.15～0.20℃左右；如照蛋时发现已"合拢"，血管颜色加深，说明发育稍快，可适当降低温度 0.10～0.15℃左右。第 3 次照蛋在入孵第 17 天，目的是拣出死胎蛋，确定出雏时间，正常蛋应"封门"。如果看到小头还有发亮的部分，这是发育慢的特征，应提高温度 0.1℃左右；如果看到小头无发亮的部分，且气室向一侧倾斜，说明发育快 1 天，应适当降低温度 0.1℃左右。对孵化率高且成绩稳定的孵化场，一般仅在入孵第 3～7 天进行一次照蛋；在孵化水平不稳定，尤其是孵化经验不足，或对孵化机性能不了解的情况下，则应照蛋 3 次。

现代蛋鸡养殖关键技术精解

三、照蛋时区别正常胚蛋和异常胚蛋的关键技术

1. 发育正常的活胚蛋

头照可明显看到黑色眼点，血管呈放射状，蛋色暗红，蛋黄下

沉；二照时，整个蛋除气室外布满血管，气室大而界限分明；三照时，气室向一侧倾斜，有黑影闪动，胚蛋暗黑。

2. 弱胚蛋

头照胚体小，黑眼点不明显，血管纤细，或看不到胚体和黑眼点，仅仅在气室下缘有一定数量的纤细血管，蛋色浅红；二照时，血管没有延伸到胚蛋的小头，小头发亮；三照时，气室比发育正常的胚蛋小，且边缘不整齐，可看到红色血管，小头发亮。

3. 无精蛋（俗称"白蛋"）

照蛋时，蛋色浅黄、发亮，看不到血管，也看不到胚体，能够看到蛋黄悬于中央，一般没散黄。

4. 死精蛋（俗称"血蛋"）**和死胎蛋**（俗称"毛蛋"）

头照只见血点、血线、血环、血弧紧贴壳上，有时可见到死胚的小黑点贴在蛋壳上，蛋色淡白，蛋黄沉散；二照时，可见死胚黑影，与蛋黄分离并固定在蛋的一侧，血管模糊或无血管，小头发亮；三照时，气室小而不倾斜，其边缘模糊不清，蛋色粉红、淡灰或暗黑，胚胎不动，见不到"闪毛"。

5. 破蛋

照蛋时可见到树枝状裂痕或破孔，有时气室已到一侧。

6. 腐败蛋

整个蛋呈褐紫色，打开后有异臭味。一般破蛋、裂纹蛋、脏蛋、水洗蛋等易变为腐败蛋，孵化机消毒不严格也会出现腐败蛋。

四、通过蛋重检查孵化条件的技巧

对于鸡蛋，1～19 天一般蛋重逐渐减少到入孵重的 89.5%，平均每天减重 0.55%。当蛋重损失过多或过少时，说明环境条件不适宜，就会影响种蛋的孵化率。当孵化机内湿度小、通风量大、温度高时，蛋重损失多；当孵化机内湿度大、通风量小、温度低时，蛋重损失少。测量蛋重的方法是在孵化开始时称 100 个蛋，求出平均蛋重，以后用相同的方法称重，这样就可计算出蛋重减轻率为：（初始平均重－测量时平均重）/初始平均重×100%。减轻率与标准对照，如发现减轻率高，应适当加大孵化湿度，相反则应减小孵化湿度。

五、通过出雏情况检查孵化条件的技术

孵化正常时，出雏时间较一致，有明显的出雏高峰，一般轻型鸡 20.5 天、中型鸡 21.0 天、重型鸡 21.5 天全部出完。从开始出雏到结束约需 24h。如孵化异常，则出雏时间分散，没有明显的出雏高峰，且出雏时间延长。如出雏时间提前，往往是后期孵化温度高、湿度小所致；如出雏时间推迟，多由于孵化温度低、湿度大所致；如果出雏时间不整齐，多为种蛋保存时间长或种鸡营养不良所致。

六、胚胎死亡的规律分析

在种蛋品质良好、孵化条件控制合理的正常情况下，胚胎也会死亡。根据研究，无论是自然孵化还是人工孵化，无论是高孵化率还是低孵化率，胚胎死亡在整个孵化期不是平均分布的，而是存在两个死亡高峰：第一个死亡高峰出现在孵化前期，鸡胚孵化的第 3~5 天，这时是胚胎生长迅速、形态变化最显著的时期，胚胎对外界环境变化特别敏感，稍有不适，胚胎的发育就会受阻，以至于死亡，这一时期的死胚率大约占全部死胚率的 15%；第二个死亡高峰在孵化的后期，鸡胚孵化的第 18~19 天，这时正处于胚胎呼吸转变时期，需氧量剧增，胚胎温度也猛增，从而对孵化环境条件要求更高，这时如通风不良、散热不好等，都会使胚胎死亡增多，这一时期的死胚率一般约占全部死胚率的 50%。如果孵化期间偏离死亡规律太大，说明孵化条件或种蛋、种鸡方面存在问题。

七、孵化各期胚胎死亡的原因

1. 孵化前期死亡（第 1~6 天）

遗传因素；种鸡的营养水平及健康状况不良，主要缺维生素A、维生素 B_2；种蛋储存时间过长；种蛋保存温度过高或过低；种蛋熏蒸消毒过度；孵化前期温度过高或过低；种蛋运输时受剧烈

震动。

2. 中期死亡（第 7～12 天）

种鸡的营养水平及健康状况不良，主要缺维生素 D、维生素 B_2；入孵前种蛋未预热；污蛋未消毒或消毒效果差；孵化温度过高或过低；未翻蛋或翻蛋不当；通风不良。

3. 后期死亡（第 13～18 天）

种鸡的营养水平差，如缺维生素 B_{12}；气室小，系湿度过高；胚胎如有明显充血现象，说明有一段时间的高温；发育极度衰弱，是温度过低所致；小头啄壳，是通风换气不良或小头向上入孵所致的。

4. 闷死在壳内

出雏时温湿度过高，通风不良；孵化后期温度低；胚胎软骨畸形，胎位异常；遗传因素。

5. 啄壳后死亡

种鸡饲料营养不良；种鸡群感染疾病；如果洞口有黏液，是由于高温高湿所致；第 20～21 天通风不良或二氧化碳含量过高；移盘时温度骤降；有致死基因；小头向上孵化；第 1～14 天未翻蛋；第 20～21 天孵化温度过高、湿度过低；在胚胎利用蛋白时遇到高温，使蛋白未吸收完，尿囊合拢不良，蛋黄未吸收。

八、从鸡苗情况发现孵化中的问题

初生雏鸡的情况可反映出孵化条件是否适宜。孵化条件适宜时，雏鸡羽毛光亮，叫声洪亮，两脚站立较稳，腹部大小适中，脐带愈合良好；如果雏鸡毛短而干枯，鸡体瘦小，脐带常带血，卵黄吸收不良，说明第 1～17 天温度过高；毛色不新鲜，粘毛带壳，说明湿度低，而温度高；脐部有异物，说明孵化后期温度高而湿度不足；雏鸡羽毛长而污秽，个体大，腹部大，两脚站立不稳，身体软弱，说明孵化温度偏低；鸡胚提前出壳但拖延时间较长，壳内有未吸收完的蛋白，说明后半期温度太高，翻蛋不当；出壳小鸡大量有腿脚病，是由于第 13～16 天胚胎大量吞食蛋白时遇上高温，或是由于长期高温郁热、湿度低，或是由于种鸡饲料缺少维生素。

九、影响种蛋孵化率的原因分析

1. 种蛋质量对孵化率的影响（见表 4-7）

表 4-7　种蛋质量对孵化率的影响

种蛋的质量	对胚蛋的影响
遗传因素	近亲繁殖时种蛋孵化率低，杂交时种蛋孵化率提高
种鸡年龄	青年母鸡比老龄母鸡所产的种蛋孵化率高；种母鸡第一年度产的蛋孵化率最高，以后逐渐下降
保存时间太长	气室大，系带和蛋黄膜松弛；头 2 天死胚较多；胚胎发育迟缓；出雏时间延长；剖检时胚盘表面有时有气泡
种蛋受冻	头几天胚大量死亡，尤其是第 1 天，卵黄膜破裂；很多蛋外壳冻裂
运输不当	蛋壳破裂；气室流动；系带断裂
蛋白中毒	蛋白稀薄，蛋黄流动；19 胚龄胚胎死亡率最高；脚短而弯曲，鹦鹉喙；腿关节粗壮；弱雏多，脚和颈麻痹
维生素 A 缺乏	孵化第 5～6 天死亡率高；胚胎错位；皮肤、被毛色素沉着；胚胎和雏鸡肿胀、干燥、失眠；剖检雏鸡，肾有尿酸盐沉积
维生素 D_3 缺乏	孵化第 5～6 天时胚胎死亡率高，第 18～19 天时胚胎死亡最多；死胚有水肿、肾脏肿大等症状；雏鸡发育不良和软骨；皮肤呈现大囊泡样水肿
维生素 B_2 缺乏	9～14 胚龄死亡率高；雏胚喙歪斜；雏鸡水肿，绒毛板结，弯趾和侏儒
泛酸缺乏	羽毛异常；未出壳的胚胎皮下出血
生物素缺乏	孵化第 1～7 天和第 18～21 天胚胎大量死亡；胚雏长骨短粗，腿骨、翼骨和颅骨短而扭曲；第 3、4 趾间有蹼；鹦鹉喙
维生素 B_{12} 缺乏	孵化第 8～14 天胚胎死亡率高；大量胚胎头处于两腿之间，水肿；短喙，弯趾，肌肉发育不良
维生素 K 缺乏	胚雏出血及胚胎和胚外血管中有凝血现象
维生素 E 缺乏	胚雏渗出性素质病；1～3 胚龄胚胎大量死亡；单眼或双眼突出
叶酸缺乏	18～21 胚龄死亡率高；其他症状与生物素缺乏相似
钙缺乏	腿短而粗；翼和下喙变短；翼和腿易弯曲；额部突出，颈部水肿，腹部突出
磷缺乏	14～18 胚龄死亡率高；喙和腿均软弱
硒缺乏	皮下积水；渗出性素质病
硒过量	弯趾；水肿；死亡率较高
锌缺乏	骨骼异常；可能无翼和腿；绒毛呈筷状
锰缺乏	18～21 胚龄死亡率高；翼和腿变短；头部异常；鹦鹉喙；水肿；绒毛异常；雏鸡关节粗短变形

注：营养物质缺乏指种鸡饲料中缺乏。

2. 孵化技术对孵化率的影响（见表4-8）

表4-8 孵化技术对孵化率的影响

孵化因素	对胚胎的影响
1～2天孵化温度太高	5～6胚龄畸形多，粘贴在壳上；19胚龄头眼和颌多见畸形；出雏提前；畸形多，如无颅、无眼等
头3～5天孵化温度太高	尿囊合拢提前，出雏提前，出雏时间延长；19胚龄胚异位，心、肝和胃变态、畸形
短期的强烈过热	5～6胚龄胚干燥而黏着在壳上；10～11胚龄尿囊的血液呈暗红色，且凝滞；19胚龄胚皮肤、肝、脑和肾有点状出血，死胚可见异位，头弯于左翅下或两腿之间，皮肤、心脏有点状出血
孵化后半期长时间过热	胚啄壳较早，内脏充血；破壳时死亡过多，蛋黄吸收不良，卵黄囊、肠、心脏充血；出雏较早，但时间较长；雏弱小，粘壳，脐带愈合不良且出血，壳内有污血
温度偏低	出雏时间延长，无出雏高峰；弱雏多，脐带愈合不良，腹大，有时下痢，蛋壳表面污秽；死胚尿囊充血，心脏肥大，卵黄吸收不良并呈绿色
湿度过高	蛋重减轻少；啄壳时洞口多黏液，啄粘在壳上；嗉囊、胃和肠充满黏性的液体；出雏晚而拖延；绒毛长且与蛋壳粘连，腹大，脐部愈合不良
湿度偏低	5～6胚龄死亡率高，充血并壳附在壳上，气室大；10～11胚龄蛋重减轻多，气室大；死胚的外壳膜干黄并与胚胎粘连，绒毛干短；出雏早，雏弱小且干瘪，绒毛干燥，污乱发黄
通风不良	5～6胚龄胚死亡率增高；10～11胚龄和19胚龄，羊水中有血液；19胚龄胚体内脏充血，胎位不正；胚在蛋的小头啄壳，闷死在壳内的胚体较多
翻蛋不当	5～6胚龄的胚，卵黄黏附在壳膜上；10～11胚龄，尿囊合拢不良；19胚龄的胚尿囊外有黏性的剩余蛋白

3. 疾病对孵化率的影响（见表4-9）

表4-9 种鸡的疾病对孵化率的影响

种鸡疾病	对胚胎的影响
鸡白痢	卵黄凝结，卵黄吸收迟缓；心、肝、脾、肾及肺有灰白色小结节；直肠、法氏囊充满白色内容物或气泡
支原体病	卵黄膜充血、出血；卵黄吸收迟缓；呼吸道有干酪样物及大量黏液；心包膜或肝包膜呈炎性变化
霉形体病	呼吸道有干酪样物
传染性脑脊髓炎	7胚龄内胚胎死亡率较高；出壳前2～3天内出现一个较高的死亡高峰；出壳的雏鸡很快出现震颤和共济失调等神经症状
病毒性关节炎	虽然该经蛋传播的概率不高，但带病毒的出壳雏鸡的横向传播往往可使整个鸡群受感染；该病病毒可在敏感的鸡胚内增殖

种鸡疾病	对胚胎的影响
减蛋综合征	鸡胚发育不良;胚体蜷缩;死胚、充血或出血
禽白血病	本病病毒能在敏感的鸡胚绒毛膜上复制并形成痘斑样病灶
包涵体肝炎	雏鸡的死亡率高,孵化率明显降低

十、嘌蛋技术

将接近出雏期的种蛋运到另一个地方出雏称为嘌蛋。由于运输初生雏鸡,特别是炎热天气时的运输,若途中管理不当,则死亡率很高。所以在交通不便的偏僻地区以及远程调运时,为了克服这一问题,广泛采用嘌蛋的方式代替初生雏的运输。

嘌蛋的方法为:将孵化 15～16 天以后的鸡蛋,经检查剔除死胚蛋后,装在铺有稻草的竹筐里,每筐装 200～300 个。运输途中一定要防止剧烈震动,防雨淋,防晒等。如天冷,嘌蛋要做好保温工作,装胚蛋的筐内要多铺些垫草,上面盖上棉被保温,途中每 3～4h 检查一次蛋温,超温的要调筐,并应注意翻蛋,上下调换位置,防止下层蛋过热。

热天嘌蛋,主要是注意防闷热,筐底不铺或少铺垫草,蛋放的层数不要太多,途中要经常检查蛋温,特别注意中心偏上层的温度,设法增加调筐和翻蛋次数。春、秋季介于上述两种情况之间,可酌情处理。

种蛋运到目的地后应立即照检,剔除死胚蛋,然后上摊床继续孵化,等待出雏。何时进行嘌蛋应根据路程远近而定,以出雏前到达目的地为原则,切不可在运输途中出雏。

第四节　孵化机孵化法的程序

一、制订孵化计划

在孵化前,要根据设备条件、孵化与出雏能力、种蛋数量及雏鸡销售情况，制订出周密、完善的孵化计划。制订计划时，尽量把费力费时的工作（如入孵、照蛋、移盘、出雏等）错开安排。一般3～5天入孵一批，孵化效果较好，工作效率也高。

二、准备孵化用品

孵化前1周要准备好照蛋灯、温度计、消毒药品、防疫用品、易损电器元件等。

三、孵化机的准备

每次使用孵化机前，即在入孵前一周必须认真细致地检查孵化机的性能，主要包括加热系统、报警系统、转蛋系统、通风换气系统、加湿系统等。

在孵化前要校正温度计。为了使温度计测定准确，多用体温计或经检测部门核实过的温度计来校正所要用的温度计。其方法是：将被校正的温度计放在36～38℃的温水盆中，并使其感温点保持在同一水平，观察温差，准确记录被校出的误差，然后在被校正温度计上贴上差度标记，一般温差数达0.5℃时，最好更换孵化用温度计。

经全面的检修后，开动孵化机，将机内的条件调整到孵化所要求的条件，当一切正常时方可进行孵化。

四、预热、上蛋及消毒

种蛋从贮存室取出后不能立即入孵，要经过预热处理，使胚胎逐渐"苏醒"。如果立即入孵，由于温度的剧烈变化，会影响胚胎的活力，使孵化期延长；如果分批入孵，种蛋预热可减少孵化机内温度下降的幅度，进而减少对胚蛋的影响；预热可减少种蛋表面的水珠，以便入孵后立即进行消毒。

预热的方法：将种蛋放于20～25℃的环境下12～24h，再放入孵化机内进行熏蒸消毒（消毒方法详见本章第一节）。

将种蛋大头向上稍有倾斜地放入孵化盘内，同时将不合格种蛋剔除。如为分批入孵，可在蛋盘上标明日期、品种、数量、批次、入孵时间等。将不同批次的种蛋在孵化机内交错放置，使孵化机内温度均匀。种蛋入孵时间一般在下午 4～5 点左右，这样可使大批出雏时间正好是在上午。

五、照蛋及移盘

照检内容见"第三节　孵化效果的检查与分析"。移盘是种蛋由孵化机转入出雏机、由蛋盘转到出雏盘中的过程。移盘的蛋平码在出雏盘内。移盘的蛋数不可太少，太少了温度不够，会延长出雏时间，且蛋间距离不可太大，否则抽盘时蛋会互相碰撞，造成破损；移盘的蛋数也不能太多，否则会造成热量不易散发，且空气污浊，从而出现胚胎闷死或烧死的现象。一般在孵化满 19 天或提前到 14～16 天移盘较好，切忌在孵化第 18 天移盘。移盘时的动作要轻、稳、快，尽量缩短移盘时间并减少破蛋。

六、出雏

出雏器在移盘前 1～2 天应开机，并将机内的条件调整为所需要的条件。出雏器要保持黑暗环境，以使出壳的雏鸡保持安静，避免因骚动而踏坏未出壳的胚蛋，影响出雏率。鸡蛋孵到第 20～21 天，开始大批破壳出雏，这时每隔 4～6h 拣雏一次，如果出雏高峰不明显，则拣雏时间可适当延长，一般 8～10h 拣雏一次，把脐部收缩良好、绒毛已干的小鸡拣出来，而脐部突出肿胀、鲜红光亮的和绒毛未干的软弱小鸡，应暂时留在出雏盘内，待下次再拣。在拣雏时要把蛋壳也拣出来，防止蛋壳套在其他胚蛋上将胚胎闷死。第二次拣雏后，把已破壳的胚蛋拼在一起，放于上层，继续出雏。同时，将颜色发暗、发凉、敲击时发实音的死胚蛋也拣出。拣雏的速度要快，以防未破壳的胚蛋温度下降而引起死亡。

七、人工助产

正常情况下，鸡蛋孵化 21 天雏鸡已发育完好，绝大部分能顺利地脱壳而出。但有少数雏鸡出壳困难，则需人工助产。特别对于兼用型和肉用型的鸡胚，在出壳后期应及时进行人工助产。

助产要掌握好时机和手法，否则会造成不良的后果。对啄壳时间较长、壳膜枯黄、毛稍发黄、蛋黄吸收完好、弹壳时发出清脆鼓音的胚蛋，可用手指从啄孔往上剥开，轻轻将头从翼下拉出。如用指弹发出浊音，说明蛋黄未吸收完，这时要用指甲模仿啄壳的路线，把蛋壳划破一圈，再把胚蛋放回，让其慢慢出壳；破壳不到1/3，但绒毛发黄，毛稍发焦，有的膜发干，包住胚胎，对于这种情况也要进行人工助产。人工助产时，轻轻剥开胚蛋，分开粘连的壳膜，把雏鸡头轻轻拉出壳外。助产时不能粗心大意，不能撕破血管，否则会造成胚胎死亡或残雏。人工助产时，一旦胚胎头颈露出，估计可自行挣脱出壳时，手术即可停止，让其自行脱壳而出。

八、清洗与消毒

出雏结束后将出雏室、出雏器、出雏盘及其他用具进行彻底的清洗消毒。

九、电孵化机停电时的应急措施

大规模的孵化场或经常停电的地方，应备有发电机，遇到停电立即发电；停电后要立即拉下电闸，秋冬或早春应关闭孵化室门窗，提高孵化室温度，尽可能使室温保持在 27～30℃，不低于25℃；每隔半小时人工转蛋一次。由于停电，孵化机中温差较大，这时门表温度不能代表胚蛋的温度，应用眼皮测温。

一般来说，在孵化前期要注意保温，而孵化后期要注意散热。但也要根据不同季节和室温具体掌握。早春室温在5～10℃时，孵化机的进出气口应完全关闭，如果停电在 4h 之内，可不必采取任何措施；如果停电超过 4h，应将室内温度提高到 32℃；如果出雏箱内蛋数多，应防止中心部位和上面几层胚胎超温，如发现蛋烫眼要及时调盘。

如果气温超过 25℃，孵化机内的鸡胚在 10 日龄之内，停电时可不必采取措施；胚龄超过 13 天时，应先打开门，当机内上面几层蛋温下降 2～3℃后再关门，每隔 2h 检查一次上面几层的蛋温，一定要保持不超温。如果在出雏箱内，开门降温的时间要延长，待温度下降 3℃以上再关门，每隔 1h 检查一次上面几层的蛋温，发现有超温趋势时，要调一下盘，特别要注意中心部位蛋温的升高。

气温超过 30℃时停电，机内如果是早期入孵的蛋，可以不采取措施；如是中后期的蛋，一定要打开机门、进气口、排气口，将机内温度降到 35℃以下，门留一小缝，每小时检查一下顶上几层的蛋温，一定不能超温。

第五节　雏鸡的分拣和运输

一、初生雏的分拣

为了获得满意的育雏效果，培育出生长发育整齐一致和生产力高的鸡群，必须对初生雏进行鉴别选择，及时淘汰残次雏，并将强雏与弱雏分开装运和饲养。

初生雏选择的方法可归纳为"看、听、摸、问"四个字。

（1）看　就是观察雏鸡的精神状态。健雏活泼好动，眼亮有神，绒毛整洁光亮，腹部收缩良好；弱雏通常缩头闭眼，伏卧不动，绒毛蓬乱不洁，腹大松弛，腹部无毛且脐部愈合不好，有血迹、发红、发黑、钉脐、丝脐等。

（2）听　就是听雏鸡的叫声。健雏叫声洪亮清脆；弱雏叫声微弱、嘶哑，或鸣叫不休，有气无力。

（3）摸　就是触摸雏鸡的体温、腹部等。随机抽取不同盒里的一些雏鸡，握于掌中，若感到温暖、体态匀称、腹部柔软平坦、挣扎有力的便是健雏；如感到鸡身较凉、瘦小、轻飘、挣扎无力、腹大或脐部愈合不良的是弱雏。

（4）问　询问种蛋来源、孵化情况以及马立克氏病疫苗注射情况等。来源于高产健康适龄种鸡群的种蛋，孵化过程正常，出雏多而整齐的雏鸡一般质量较好；反之，雏鸡质量较差。

二、接雏的时间

初生雏鸡在 36h 或 48h 以内，可以利用体内未吸收完的蛋黄，这段时间内可以不饲喂，同时这段时间也是运雏的适宜时间。故接雏时间应安排在雏鸡绒毛干燥后的 48h 以内。冬天以温暖的中午为宜，夏天则宜在早、晚进行。

三、初生雏的运输

初生雏运输的基本原则是：迅速及时，舒适安全，注意卫生。初生雏最好在出壳 8～12h 运到育雏舍，若路途遥远，也不宜超过 48h。

装运雏鸡的工具最好采用专用的雏箱。一般箱长 60cm、宽 45cm、高 18cm，箱的四周有通气孔，箱内分为 4 个小格，每格装雏鸡 25 只，每箱可装 100 只。这样可以避免互相挤压，不致造成损失。

装运时，雏箱之间要互相错开，留有空隙。气温低时要加盖棉毯；夏季要携带雨布，并尽可能在早、晚凉爽时运输。运输时要平稳，避免倾斜，防止中途停歇。运输途中要经常检查雏鸡动态，如发现雏鸡张嘴抬头、绒毛潮湿，说明温度过高，应及时掀盖、通风降温；如发现雏鸡拥挤在一起，吱吱发叫，说明温度偏低，应及时加盖保温。

运输工具除汽车、火车外，运输方便的地区，用船运输比较安全、平稳。路途过远时，最好用飞机运输。

第五章 蛋鸡的高效饲养与管理

第一节 雏鸡的饲养与管理

蛋鸡的育雏期是指从小鸡出壳到 42 日龄。雏鸡阶段培育的优劣，直接关系到青年阶段的整齐度和合格率，从而影响产蛋阶段产蛋性能的发挥。因此，培育雏鸡是整个蛋鸡生产周期的第一个关键阶段，是养鸡生产中最重要的一个环节。本节将从雏鸡的生理特点、进雏前的准备工作、雏鸡饲养技术、雏鸡死亡原因分析、育雏期到育成期的过渡等方面进行阐述。

一、雏鸡的生理特点

要想搞好育雏，首先要认清雏鸡的生理特点，并根据这些特点采取针对性技术措施。

1. 雏鸡的体温调节机能不完善

初生雏的体温较成年鸡体温低 2~3℃，4 日龄开始慢慢地均衡上升（因此前 3 天保温非常重要），到 10 日龄才达到成年鸡的体温（前 7 天的温度控制要严格），到 3 周龄左右体温调节机能渐趋完善，7~8 周龄以后具有适应外界环境温度变化的能力，故选择 6 周龄（即 42 日龄）转群。

2. 胃的容量小，消化能力弱

幼雏消化机能不健全，胃容积小，进食量有限，同时消化道又缺乏某些消化酶，肌胃的研磨饲料能力低，消化能力差。因此，在饲养上应选择纤维量少、易消化的饲料，要少喂勤喂，给予优质饲料。最好选用规范的饲料厂家生产的雏鸡饲料。

3. 生活力和抗病力差

幼雏对外界的适应性差。由于雏鸡的免疫体系发育不完全，免疫功能不健全，因此对各种疾病的抵抗力差，饲养管理上稍有疏忽就会感染各种疾病。

4. 雏鸡的生长发育速度快

雏鸡 2 周龄体重为初生重的 2 倍，4 周龄时为 5 倍，6 周龄时为 10 倍，前期生长快，以后随日龄增长而减慢。雏鸡代谢旺盛，心跳快，每分钟可达 250～350 次，安静时单位体重耗氧量与排出 CO_2 的量比家畜高 1 倍以上。所以，在饲养上除了满足全价营养外，管理上要注意不断供给新鲜空气，减小饲养密度。

5. 羽毛生长快，敏感性强，抗应激能力差

幼雏的羽毛生长特快，在 3 周龄羽毛重为体重的 4%，到 4 周龄便增加到 7%，其后大体保持不变。从雏鸡到 20 周龄羽毛要脱换 4 次，分别在 4～5 周龄、7～8 周龄、12～13 周龄、18～20 周龄。羽毛中蛋白质含量为 80% 左右，因此雏鸡对日粮中蛋白质（尤其是必需氨基酸）水平要求高。

幼雏对饲料中各种营养物质缺乏或有毒药物的过量会反映出病理状态，对各种应激相当敏感，因此在管理中，应减少各种应激，保持舍内安静。

二、进雏前的准备工作

做好进雏前的准备工作，选择健康的母雏，搞好雏鸡的运输，准备好所需物品。

1. 育雏计划的拟定（合同）

应根据育雏批次、时间、雏鸡品种、数量与来源，每一次进雏都要与育雏舍、成鸡舍的容量保持一致。

2. 育雏季节的选择

应根据鲜蛋市场行情、淘汰鸡的市场行情、产蛋高峰期避开炎热的夏季等几方面确定，一般应选择冬季育雏。

3. 鸡舍与设备的检修

育雏舍的基本要求：保温良好且能够适当调节；通风换气良好，使舍内保持空气清新干燥；光照充足。对破损、漏风处要及时修补，窗户上方要安装小型抽风换气扇。严堵鼠洞，照明线路要检修。育雏笼要检修加固，保温设备（火炉、电热板等）要准备好，取暖材料（煤块、木材等）要准备好，食槽、饮水器要准备充足。

4. 育雏舍及设备的冲洗与消毒

鸡舍尽快进行清扫、冲洗及消毒，并空闲 10～14 天。空出的鸡舍在进鸡前可按下列顺序进行清洗和消毒：鸡舍放空→清除粪便→高压水枪冲洗→2％～3％烧碱水消毒→3～6h 后彻底水洗→通风干燥数日→福尔马林熏蒸消毒→通风→喷雾消毒→放干→进鸡。

5. 饲料、药品的准备

饲料应按雏鸡的数量及在整个育雏期（42 天内）耗料量（育雏期内一只雏鸡平均耗料 1050g，5000 只耗料约 5000kg）进行采购。育雏前还需备好常用药品、预防用药、疫苗、器械，如消毒药、抗生素、抗球虫药、抗白痢药、多维制剂、微量元素制剂和防疫用各种疫苗（马立克氏病、法氏囊炎、新城疫、传支、鸡痘、传鼻等疫苗）及注射器等。

6. 育雏人员的安排

要安排 1 名饲养员，在整个育雏期间住在育雏舍内，并将住宿所有用品提前备好、消毒。另外要固定 1 名技术员专门负责这批雏的饲养管理、防疫，并记录好各种表格所规定的记录内容。

7. 育雏舍的预温

在接雏前 2 天要安装好育雏笼，并进行预热试温工作，要求舍内温度升至 32℃，水要用开水放温放在育雏室。

8. 接运幼雏

幼雏的运输是一项技术性强的工作。采用人工孵化技术繁殖家禽，不仅能为饲养者提供大量健康的雏禽，还可推广良种，但同时也给运输带来了许多问题。从孵化场到饲养地，往往由于路程过长，途中照料不周，引起雏禽死亡，造成经济损失。雏禽运输应注意以下几个方面：

（1）运输时间　初生雏羽毛干并能站稳后即可启运，运输时间尽量缩短，防止中途延误，最好能在 24h 内运到饲养地，以便按时开食、饮水。

（2）按强弱分级　初生雏按强弱分级单独装箱。对腹大、脐带愈合不良或带血，腿、眼、喙有残疾或畸形以及过于软弱不易养活的雏禽应淘汰。

（3）办理运输证明　雏禽启运前要到当地畜禽检疫机关报检，经检验合格，取得全国统一使用的有效运输检疫证明和运输工具消毒证明方可运输，以便于交通检疫站的检查，缩短运输途中的时间。

（4）选择雏禽容器　最好用专用的运雏箱，运雏箱可用塑料、木板或硬纸板做成。如果没有专用运雏箱，也可用硬纸箱、竹筐、柳条筐或其他木箱代用。每个容器的盛放量不宜过多，如直径80～100cm 的竹编圆筐，每筐可放雏鸡 100～150 只。无论采用什么装运，其容器都必须既能保温，又可通气，而且箱底要平，箱高不会被压低，箱体不得变形。

（5）解决好温度与通风的矛盾　温度与通风是确保运雏成功的关键，如果只重视保温，不注意通风，就会造成闷热、缺氧，甚至导致窒息死亡；而只注意通风，忽视了保温，雏禽则容易受风感冒或发病拉稀。所以雏禽运输应根据不同季节和当时的天气情况，采取相应的防护措施。

（6）长途运输最好是嘌蛋　嘌蛋，即正在孵化中的胚蛋，按照路程远近，计算出出雏时间，运送到饲养地出雏。具体方法是将胚蛋盛放在竹筐内，早春气温低，筐内铺垫稻草，上面加盖棉被。夏季气温高，筐内不需垫草，上盖单被，然后用车船运输，途中要防止破损。管理的方法基本与摊床管理相同，通过翻蛋，盖、掀覆盖物以及集中叠放蛋筐，四周盖严以升温，分散甚至洒水等降温措施来调节温度，保持和孵化室内或摊床上同样的孵化条件，使胚蛋继续正常发育。嘌蛋主要靠胚蛋的自发温度，运送时间不能过早，到达目的地后，可以放进电孵机的出雏器或摊床上，也可以在保温的房间内，铺上厚草，将蛋放上，等候出雏。

（7）运输途中的管理　运输工具不论是汽车、船、飞机均可，关键是运输途中要保持箱底水平，尽量避免震动、颠簸，防止急刹车。途中不宜长时间在烈日下暴晒，如必须在烈日下运输，应尽量选择林荫道行驶。行走一段时间后，即停放在树荫下休息片刻，并抽检竹筐中雏禽的状况，如发现绒毛潮湿，说明温度过高；如雏禽挤在一起，发出"吱吱"叫声，则说明温度偏低，要及时采取措施。当日如不能到达饲养地，则要做好途中开食的准备。

三、雏鸡饲养技术

雏鸡进入育雏舍后要进行充足饮水，适时开食，做好雏鸡正常饮水和饲喂工作，创造舒适的环境条件，采取科学的饲养措施。

（一）育雏方式

1. 地面育雏

育雏室内地面要求为水泥地面，以便于冲洗消毒。育雏前要对育雏舍进行彻底消毒，再铺 10～15cm 厚的垫料，垫料可以是麦秸、锯末、谷壳、稻草等，应因地制宜，但要求干燥、卫生、柔软。

地面育雏成本相对较低，但育雏室房舍利用率低，雏鸡经常与粪便接触，易引发疾病流行。

2. 网上育雏

网上育雏就是用网面来代替地面育雏。网面的材料有钢丝网、塑料网，也可用木板条或竹竿，但以钢丝网最好。网孔的大小应以饲养育成鸡为适宜，不能太小，否则，粪便下漏不畅。饲养初生雏时，在网面上铺一层小孔塑料网，待雏鸡日龄增大后，撤掉塑料网。一般网面距地面的高度应随房舍高度而定，多以 60～100cm

为宜，北方寒冷地区冬季可适当增加高度。网上育雏最大的优点是解决了粪便与鸡直接接触这一问题。

由于网上饲养鸡体不能接触土壤，所以，提供给鸡的营养要全面，特别要注意微量元素的补充。

3. 立体育雏

立体育雏是大中型蛋鸡饲养场经常采用的一种育雏方式。立体育雏笼一般分为 3～4 层，每层之间有接粪板，四周外侧挂有料槽和水槽。立体育雏具有热源集中、容易保温、雏鸡成活率高、管理方便、单位面积饲养量大的优点。但笼架投资较大，且上下层温差大，鸡群发育不整齐。为了解决这一问题，可将小日龄鸡在上面 2～3 层集中饲养，待鸡稍大后，逐渐移到其他层饲养。

（二）雏鸡的饲喂

1. 饮水

雏鸡在进入育雏室后首先要给水，雏鸡的第一次饮水称为初饮，初饮时最好用凉开水，温度应为 18℃ 以上，最初 3 天应在饮水中加入 5% 的葡萄糖，或加入 5%～8% 的食用白糖，这样可降低死亡率。如果雏鸡应激较大，则可在最初 3～4 天内的饮水中加入 0.1% 的水溶性多维素或电解质。一周前饮开水，一周后可饮自来水。水要清洁，且不能断水，每次换水时要将饮水器洗刷干净，每天最好用高锰酸钾水消毒一次。每 100 只雏鸡配备一个 4.5kg 的塔式饮水器，或每只雏鸡占水槽的位置为 2cm，一般每 2h 换水一次，如换水时饮水器无水，说明供水不足，应增加饮水器的数量或缩短换水时间。在前 10 天最好在饮水中加一些抗生素类药物或消毒剂，如诺氟沙星、环丙沙星等药物，或百毒杀、霜力、高锰酸钾等消毒剂，可以控制白痢等细菌性疾病的发生。但是一定要注意，在饮水免疫前后，饮水中不能用任何种类的消毒剂。地面平养的雏鸡在 20 天后要用抗球虫药，如马杜拉霉素、氯苯胍、莫能菌素等。

2. 开食

饲喂雏鸡首次吃料叫开食。雏鸡进入育雏室饮水以后就可开食给料，从出壳到毛干、饮水、开食，这个过程越早越好，一般不能晚于第二天，即在出壳后 24h 左右开食。

作为开食饲料，以营养丰富、容易消化、适口性强而且便于啄食的精料为宜，应该喂给配合饲料。饲喂次数：在前两周每天喂 6 次，其中早晨 5 点和晚上 10 点必须各喂 1 次；第 3～4 周每天 5 次，5 周以后每天 4 次。

开始喂食时，因雏鸡还不习惯于采食饲料，要将备好的饲料均匀地撒在塑料布、油布或硬纸板上，耐心诱导其采食，只要教会少数雏鸡采食，其他雏鸡便会很快跟着学。塑料布的大小，以使所有雏鸡能够同时采食为宜。4 天后应改用料槽，前期每次喂食不宜过饱，雏鸡贪吃，容易采食过量，引起消化不良，食欲减退，造成消化道疾病。一般每次采食 8～9 成饱就可以了。在料槽充足、每只鸡都能同时采食的情况下，每次大约采食 45min 就够了。采食后应把料槽取出，防止雏鸡久卧槽内拉屎，下次添好料后再把料槽放入圈内。如果是笼养，从第 3 周起可以自由采食，也就是将一天的饲料一次喂给，雏鸡随时都能采食，但必须是槽在笼外，鸡能采食但不能进入槽内。开食时还要将食槽放在灯光下，使雏鸡容易看到饲料。

3. 温度

初生雏鸡体温约 39～40℃，成年鸡体温 41～42℃。因此，提供适宜的温度条件能有效地提高雏鸡成活率，温度不适当是造成许多疾病和事故的根本原因。

育雏温度包括育雏室温度和育雏器温度。育雏室温度是指离育雏器较远的墙距地面 1.5m 高处的温度。如果是用育雏伞保温，则育雏器温度指育雏器边缘距垫料或底网 5cm 处的温度；如果是笼养，育雏笼内热源供热，育雏器温度指的是有热源的育雏笼内距底网 5cm 处的温度。通常所说的育雏温度即指育雏器温度。育雏室温度要比育雏器温度低，育雏的环境温度一般有高、中、低的区别，这样既可使空气对流，又便于雏鸡根据生理需要来自由选择适合自己的温度，有利于雏鸡的生长发育。目前大多数养鸡户是采用提高整个育雏舍内温度（无论是网上育雏还是笼养）的方式，育雏温度都是指室内雏鸡背等高处的温度值。

在育雏时要根据鸡的品种、体质、外界气候变化做适当的调节。如育雏前期的温度可稍高些；外界气温低时，育雏温度可高些，外界气温高时，温度可稍低些；白天低些，夜间高些，一般夜间育雏温度应比白天高 1～2℃；健雏低些，弱雏高些；大群育雏低些，小群育雏高些。

4. 湿度

湿度的掌握要灵活，不同地区、不同季节需要的湿度不同。一般要防止高温低湿和低温高湿。育雏前期由于温度较高，雏鸡饮水和采食较少，排粪也少，环境相对干燥，因而要求的湿度相对较高；育雏后期温度逐渐降低，雏鸡呼吸量及排粪量也增加，水分蒸发量大，所以要求较低的湿度。

湿度过高时，雏鸡羽毛污秽，食欲不振，并因微生物的大量繁殖使雏鸡容易患病。尤其在温度不适宜的情况下，高湿对雏鸡的影响更大。高温高湿环境下，雏鸡因散热困难而感到闷热，食欲下降，生长缓慢，体质虚弱，抗病力下降。高温高湿易使饲料和垫料发霉，雏鸡易暴发曲霉菌病。高湿时，应加大通风量，如地面育雏应及时更换垫料，或者在地面和垫料中按每平方米加 0.1kg 的过磷酸钙，以吸收舍内和垫料中的水分。一定要防止饮水器放置不平而漏水。低温高湿环境下，雏鸡因散热过多而感到寒冷，雏鸡易患感冒和胃肠道疾病，应注意通风，并应及时升温。

湿度过低时，空气中灰尘量大，雏鸡羽毛生长不良，并有利于葡萄球菌、鸡白痢沙门氏杆菌及具有脂蛋白囊膜的病毒生存。如果雏鸡不能及时饮水，可能发生脱水症，表现为：羽毛发脆且大量脱落，脚趾干瘪，雏鸡食欲不振，饮水频繁，消化不良，体瘦弱，严重时导致患病，死亡率提高。加湿方法：室内挂湿帘，火炉上放水盆或地面洒水。另外，可用消毒液对鸡舍和雏鸡实行喷雾消毒。

5. 通风

由于育雏要保温，育雏饲养密度大、温度高，同时雏鸡代谢率高，每天需要排出大量的二氧化碳、粪和尿，粪尿及撒落的饲料一起发酵，产生大量的有害气体（如氨气、硫化氢等），这些气体浓度高时，雏鸡易患呼吸道疾病、眼病，且易患鸡瘟，死亡率升高。加之雏鸡虽然很小，但新陈代谢旺盛，比其他禽类需要更多的新鲜空气，因此在注意保温的同时，又要适当地开窗通风换气，以排出室内的硫化氢和氨气等有害气体。但在冬天，必须在中午气温较高的时候，开小窗通气或在门窗上挂通风帘，使新鲜空气缓慢进入，不能让风直接吹到雏鸡身上，以防感冒。总的原则是，以人在室内不感觉气闷和有氨气刺鼻、眼，无臭味和强烈刺激味为适宜。但也不能通风过度，以确保育雏室的温度。

6. 光照

光照对雏鸡和育成鸡的影响主要表现在两个方面：一方面是光照时间长短，光照时间过长，会使鸡提早性成熟，过早产蛋、产小蛋，降低产蛋持续性；另一方面是光照强度，光照太强会引起啄羽、啄趾、啄肛等恶癖发生，使鸡群受到损失。正确地设定光照时间和强度不但能避免以上的影响和损失，而且还能给小母鸡的生长发育带来许多好处，比如促进骨骼发育，增强食欲，有利于消化等。

育雏阶段光照时间要求：第一周采用全天24h光照（即整夜照明）；第二周19h光照；自第三周开始，密闭式鸡舍可每天8h光照，开放式鸡舍不能控制光照时间，采用自然光照即可。

育雏阶段光照强度要求：除第一周为了让雏鸡熟悉料槽、水槽位置和舍内环境，可用较强光照以外，其他时间都以弱光为好。一般要求光照强度在10lx以下为宜，10lx的光照强度相当于每0.35m^{2}面积1W的光源。例如30m^{2}的鸡舍面积，10lx的光照强度，需6个15W的灯泡（1÷0.35×30÷15≈6）。

灯泡安装的位置应靠近鸡的活动区，高度一般距地面2.0～2.5m，灯泡间距离应等于其高度的1～1.5倍。按照制订的光照方案，必须固定开关灯的时间，如遇停电，应记录停电时间，补足规定的光照时间。另外，光照强度与是否有灯罩和灯泡的清洁度有关。如有反光罩比不用反光罩的光照强度大45%，即

25W灯泡加反光罩后光照效果相当于36W灯泡。目前一般使用直径25～30cm的伞形反光罩。脏灯泡发出的光比干净灯泡少1/3。灯泡至少每周擦拭一次，保证光照强度。最好用变阻器控制灯的开关，使开灯时由弱变强，关灯时由强变弱，避免鸡产生应激。

总之，在育雏阶段，光照应遵守这些原则：采用弱光，避免强光，以防止各种恶癖发生；光照时间只能减少，不宜增加；补充光照不要时长时短，以免造成光照刺激紊乱，失去作用；黑暗时间避免漏光。

7. 饲养密度

在生产实践中，应根据鸡舍结构、饲养方式的不同，确定一个合理的饲养密度。一般要求地面散养密度应小些，网上饲养密度可以大些，随着鸡龄增大应该逐渐减小密度。一般雏鸡饲养密度是：每平方米面积饲养1～10日龄50～60只，11～30日龄30～40只。以后随日龄的增长而分阶段进行调整。

8. 断喙

断喙就是切去鸡嘴的一部分。在饲养过程中，鸡经常发生啄癖现象。鸡产生啄癖的原因很多，如饲养密度太大、温度太高、通风不良、光线太强、饲料中含硫氨基酸缺乏、食盐含量低、钙低或钙磷比例不当、供料供水不足、更换环境等都会引起鸡的啄癖。一旦鸡发生啄癖，很难控制，在养鸡生产上，由于啄癖引起的损失很大。断喙是防止鸡发生啄癖的最有效的措施，而且断喙可有效地防止饲料浪费。生产上一般断两次喙：第一次断喙在10日龄前后，这时的鸡喜欢互相啄羽毛，而且这时断喙应激小；第二次断喙一般在10～12周龄，这时喙已基本发育完全，断后基本不再生长，这一次主要对前一次断喙不当的或过长的进行补断。

断喙有专门的断喙器，可根据鸡的日龄选择孔径。断喙的部位是距鼻孔2mm处斜切下去，将上喙断去1/2～2/3，下喙断去1/3。断喙时待刀片烧至褐色，温度600℃左右时进行，用手握住鸡，大拇指顶住鸡头部后侧，食指抵住鸡的下颌轻压咽部，使鸡的头部不能左右摇摆，同时又使鸡缩舌，以防舌被切断，中指护胸，无名指和小指夹住两爪，断烙时间约为 $2\sim3s$。

断喙时的注意事项：断喙前检查鸡群的健康情况，如有不佳，则不能断喙；免疫期和环境温度高时不能断喙；断喙前后 3 天应在每千克饲料中加 2mg 维生素 K，其他维生素的含量也同时增加 $2\sim3$ 倍；断喙后鸡喙上短下长才符合要求；断喙后如有喙尖流血的，则应及时烫烙，直至全部停血；断喙后水料要充足；勿将舌头断去。后期断喙时可将食指横在鸡的上下喙之间，挡住舌尖；断喙后喙可能再长，发生啄癖时还可再断；作种用的小公鸡可不断喙或只去少许喙尖，否则影响配种。

9. 注意观察雏鸡精神状态、采食及粪便的变化

① 清晨打开灯时，健康的鸡精神状态良好，活泼好动，羽毛整洁，嗉囊空虚。如果嗉囊有残留食物，可能睡眠不好，消化不良；如果鸡的精神不好，不爱活动，怕冷，羽毛松乱，可能是温度不够或有病。夜间观察时，主要是听其呼吸声，正常情况下雏鸡休息时没有什么声音，如果有"呼噜呼噜"声、"喀喀"声都是不正常的。

② 粪便。正常粪便应是灰绿色，成团或条状，干湿适中。如果发现拉稀，则可能是病态表现，应辨证施治。

四、雏鸡死亡原因分析

雏鸡对疾病的抵抗力弱，在饲养中常常发生疾病甚至死亡。在育雏过程中，要及时分析死亡原因，从而提高育雏成活率。其原因是多方面的，概括起来有以下几方面：

1. 种蛋传播的疾病

白痢病、副伤寒、败血霉形体病、马立克氏病等可经种蛋传给雏鸡；葡萄球菌、铜绿假单胞菌、肠道杆菌及许多霉菌等可通过蛋破损或不破损的蛋壳从外源侵入蛋内，这些微生物在种蛋的收集、贮藏、运输过程中进行传播。这些可导致雏鸡出壳后发病，引起雏鸡脐炎、慢性呼吸道疾病、白痢及大肠杆菌病等。

现代蛋鸡养殖关键技术精解

2. 孵化过程中因卫生不良造成鸡胚感染

育雏室、孵化机、种蛋及各种用具消毒不严格，大肠杆菌、葡萄球菌及沙门氏菌等可侵入卵黄囊，引起脐炎。雏鸡绝大多数死于前 10 天。

3. 胚胎期发育不良

种蛋在孵化过程中，往往由于孵化条件控制得不好，特别是温度和湿度掌握不适当，造成胚胎发育不良，这部分雏鸡在育雏早期极易死亡。有些种鸡饲料所含营养不全，种蛋内养分不足，特别是维生素不足时，有些胚胎在孵化过程中死亡，有的虽然勉强能出壳，但出壳后表现先天不足，生活力很弱，难以养活。还有的是种蛋被污染，出壳的雏鸡发病，这种雏鸡也很难养活。

4. 雏鸡被压死

育雏室内保温措施不良，温度太低，或者突然停电等情况下雏鸡扎堆，层层压挤，时间稍长则会导致底层雏鸡全部被压死。这种情况在早春育雏过程中常有发生，鸡群越大损失越严重。另外，在接种疫苗或抓鸡转群时，雏鸡受惊吓，成堆挤在角落里，如果不注意，也会造成大批压死现象。挤压致死是雏鸡在育雏期死亡的主要原因之一。

5. 雏鸡被淹死

雏鸡出壳后如经过长途运输，不能尽早进入育雏室，雏鸡干渴，进入育雏室后，雏鸡会拥向水源抢水喝，一部分靠近饮水器边缘的雏鸡，就被挤进水盘，爬不出来而被淹死，这种情况在间断饮水时也常发生。

6. 雏鸡中毒

常见雏鸡中毒死亡现象有两种：一种是煤气中毒，采用煤炉供温时，一定要检查炉子烟筒各连接处是否严密，烟道是否畅通，是否有倒烟现象，以防止室内煤气积蓄而导致雏鸡中毒死亡；另一种是痢特灵药物中毒，痢特灵是防治鸡白痢等的常用药，当饲料中药量超过 0.04％时，易中毒，有的虽用药量不大，但研磨不细、混料不均匀，也会导致雏鸡中毒死亡。

7. 兽害

老鼠和黄鼠狼对雏鸡的危害不可忽视。有老鼠出没的育雏室，夜间或白天无人的时候，老鼠乘雏鸡睡觉时，将雏鸡咬死，拖入洞内，无人知晓。笼养时，老鼠站在底网下的托粪盘上，乘小鸡睡熟时咬住幼雏的脚往下拉，把整条腿拉掉。黄鼠狼若窜入鸡舍，可咬死许多雏鸡。

8. 啄死

20 日龄以后，雏鸡在光照强度大的情况下，常发生啄羽、啄尾等现象。这种啄癖如不及时解决，可蔓延到全群，互啄、追啄、围啄，被啄出血后雏鸡会很快死亡。

9. 其他

如饲养员不小心把雏鸡踩死，推门不小心把雏鸡挤死等。

五、育雏期到育成期的过渡

从育雏期到育成期，饲管技术有一系列变化，这些变化要逐渐进行，避免突然改变。主要过渡内容包括：

1. 转群

雏鸡在育雏舍生活到 4 周龄就应转入育成舍。目前，农村养鸡户有的育雏和育成是在同一鸡舍，不存在转群问题，只要逐渐减少密度就可以了。但为了保证鸡群的健康、整齐度应将弱小的鸡挑出来另外饲养，当体重达到大群水平时再合群。但也有农村养鸡户育雏鸡与育成鸡分开饲养的。

转群的技术关键为：在转群前必须对育成舍及器具进行彻底的检修和清洗消毒；转群前 6～8h 应停料；转群前后 2～3 天饲料中各种维生素的剂量应加倍，同时还要饮电解质溶液（电解质溶液的制作方法为：硫酸铜 19%，硫酸亚铁 6%，硫酸锰 0.5%，硫酸钾 8.5%，硫酸钠 8.0%，硫酸锌 0.5%，糖 57.5%，混合后溶于 1000mL 水中）；转群的当天应给予 24h 的光照，以便鸡熟悉环境，充分采食和饮水；转群前后 7 天内不要进行预防免疫和断喙，以免造成双重应激；转群的同时应进行选择淘汰，主要淘汰不符合标准的鸡；转群应选择在气温不冷不热的时候，如夏季应在清晨或傍晚，冬季应在中午进行；冬季转群前育成舍应预热，使育雏舍与育成舍温度大致相同；抓鸡的动作要轻，一次抓的鸡数不能太多，以免造成伤残；转群后要观察鸡群的动态，刚转群时，鸡可能拉白色粪，以后逐渐转为正常。要勤观察鸡群的采食和饮水等行为。

2. 脱温

雏鸡转群后，由供暖转为不供暖，但鸡舍内的降温必须缓慢进行，使雏鸡慢慢习惯室温后才能完全脱温。方法是：开始时可在气温较高的中午停止供温，而在夜间继续供温，以后逐渐过渡到夜间也停止供温。但是还要考虑季节和气候的变化，特别是早春育雏时，到脱温的周龄而外界温度还比较低，且白天与晚上温差大，这就需要延长供暖时间。在生产上，昼夜温度如果达到 18℃ 以上，就可以脱温，如遇大风降温天气，尤其在夜晚，则应注意及时升温，以防意外。

3. 换料

由于各阶段鸡对饲料中蛋白质和能量的需要量不同，以及农村养鸡户饲料种类来源的不稳定等情况，往往需要进行多次换料。每次换料都要有一个过渡阶段，不可以突然全换，使鸡有一个适应过程。一般有两种方法：一是前料 2/3 加后料 1/3 饲喂 3 天，然后前料 1/3 加后料 2/3 饲喂 4 天；二是前料 1/2 加后料 1/2 饲喂 7 天。这一过渡需一个星期左右。

4. 下笼

笼育和网上床育的雏鸡进入育成期以后，为了加强运动，可改成地面散养，这就是下笼过程。开始下笼时，小鸡不太习惯，有害怕表现，易引起密集拥挤，需提供饮水、采食均良好的条件，仔细观察鸡群，尤其注意夜间观察，防止损失，同时，要在饲料中加药，严防球虫病发生。

5. 上架

地面散养鸡舍，室内应设立栖架。从育成阶段起就应训练小鸡夜间上架休息。栖架数量和长度要充足，使每只鸡都有适当的位置。

第二节　育成鸡的饲养与管理

　　育成鸡是指43日龄到开产前阶段的鸡。其中7～14周龄为中鸡，15～20周龄为大鸡。育成鸡培育的好坏，直接关系到蛋鸡产蛋性能的高低。因此，培育育成鸡是整个蛋鸡生产周期第二个关键阶段。本节将从育成鸡的生理特点、育成鸡的培育目标、育成鸡的饲养技术、育成鸡的管理技术等方面进行阐述。

一、育成鸡的生理特点

　　应熟悉育成鸡生理特点，根据这些生理特点采取针对性的饲养管理措施，运用适宜的新技术。

　　青年母鸡质量差，转入产蛋鸡舍时，会有较高的死亡率，产蛋率低，蛋重小，质量差，耗料也多；青年母鸡质量好，体质健壮，进入产蛋鸡舍后，即使环境条件稍微差一些也可以耐受，而且能获得较好的产蛋成绩。因此，要想蛋鸡高产，必须重视育成鸡的培育。

　　① 这一阶段鸡仍处于生长迅速、发育旺盛的时期，机体各系统的机能基本发育健全；羽毛已经丰满，换羽后已经长出成羽，具备了体温自体调节能力。

　　② 消化能力日趋健全，食欲旺盛；对钙、磷的吸收能力不断提高，骨骼发育处于旺盛时期，此时肌肉生长最快。

　　③ 脂肪的沉积能力随着日龄的增长而增强，必须密切注意，否则鸡体过肥，对以后的产蛋量和蛋壳质量有极大的影响。

　　④ 体重增长速度随日龄的增加而逐渐下降，但育成期仍然增重幅度最大。

　　⑤ 小母鸡从11周龄起，卵巢滤泡逐渐积累营养物质，滤泡逐渐增大。

　　⑥ 小公鸡12周龄后睾丸及附性腺发育加快，精子细胞开始出现。

⑦ 18 周龄以后机体性器官发育更为迅速，卵巢质量可达 1.8～2.3g，即将开产的母鸡卵巢内出现成熟滤泡，使卵巢质量达到 44～57g。

由于 12 周龄以后公、母鸡的性器官发育很快，对光照时间长短的反应非常敏感，若不限制光照，将会出现过早产蛋等情况。

二、育成鸡的培育目标

确定育成鸡的培育目标，根据此阶段的营养需求，科学配制日粮，选择合适的饲养方式。

18 周龄的育成鸡，要求健康无病，体重符合该品种标准，肌肉发育良好，无多余脂肪，骨骼坚实，体质状况良好。鸡群生长的整齐度，单纯以体重为指标不能准确反映问题，还要以骨骼发育水平为标准，具体可用胫长来表示。总之，要注意保持体重、肌肉发育程度和肥度之间的适当比例。小体形肥鸡和大体形瘦鸡就是两种典型的体重不合格、发育并不合理的类型。前者脂肪过多，体重达标而全身器官发育不良，必然是低产鸡；后者体形过大，肌肉发育不良，也很难成为高产鸡。测定时要求体重、胫长在标准上下 10% 范围以内，至少 80% 符合要求。体重、胫长一致的后备鸡群，成熟期比较一致，达 50% 产蛋率后迅速进入产蛋高峰期，且持续时间长。

育成鸡的饲养方式主要有以下三种：

1. 三段式

对于商品蛋鸡场，传统的鸡场设计中，生产区内有育雏、育成、产蛋三种鸡舍。育成鸡舍安排在育雏和产蛋鸡舍之间，顺应转群的顺序，便于操作。

设计完善的鸡场，将三种鸡舍分区建设，留有一定的距离，并注意与饲料库、生活区有恰当的距离。在布局方面可划分成小区，以保证后备鸡和商品鸡使用。育成鸡舍应有自己的沐浴、更衣、入口消毒等设施。雏鸡从 6～8 周龄由育雏鸡舍转入育成鸡舍，一直饲养到性成熟再转入产蛋鸡舍。三段式饲养是我国目前主要的饲养方式。

2. 两段式

目前的趋势，育成鸡分别在育雏舍或产蛋鸡舍中饲养，不需要专用的育成鸡舍。商品蛋鸡场不论是平养还是笼养，都是1日龄雏鸡在育雏鸡舍内一直养到10周龄，再转入产蛋鸡舍，这种方式愈来愈多地在根除鸡败血支原体病和滑液囊支原体病的方案中被采用。用于种鸡比商品鸡有更大的意义，减少了一次转群，且在较小的年龄转入永久性产蛋舍，有预防应激的作用。

3. 一段式

这种方式多应用于种鸡地面、网上或板条饲养，从1日龄开始直至产蛋结束在同一鸡舍内完成，仅是随着日龄的增长更换相应的设备。从鸡整个生产过程来看，育成期体况变化最大，这就要求在饲养过程中不断进行调整，才能满足其生长发育的需要。在饲养空间方面应注意如下事项：不论采用何种饲养方式，育成鸡占有面积应按18~20周龄末最大面积计算。随着鸡龄的不断增加，逐渐分散鸡群，随时调整料槽、水槽的数量及高度，以保证足够的采食、饮水空间及适宜高度。不同的饲养方式、不同的品种，鸡只占有面积及占有料槽、水槽位置存在着较大差别。

三、育成鸡的饲养技术

运用育成鸡的饲养新技术，搞好雏鸡转入育成鸡舍的饲料过渡，采用限制饲养的方式，根据育成鸡生长发育的特点，定时监测体重与胫长等生长发育状况，提高饲养效果。

（一）日粮过渡

从育雏期到育成期，饲料的更换是一个很大的转折：从5周龄或7周龄的第1~2天，用2/3的育雏期饲料和1/3的育成期饲料混合喂给；第3~4天，用1/2的育雏期饲料和1/2的育成期饲料混合喂给；第5~6天，用1/3的育雏期饲料和2/3的育成期饲料混合喂给，以后喂给育成期饲料。饲料更换以体重和胫长指标为准。也就是说，在 6 周龄末，分别检查雏鸡的体重及胫长是否达到标准（没有胫长标准的品种，可参考同类型鸡），若符合标准，7 周龄后开始更换饲料；若达不到标准，可继续饲喂育雏料，直到达标为止。对于一些体重及胫长经常达不到指标的品种，要查明原因，排除疾病。

（二）限制饲养

在育成期，为避免因采食过多造成产蛋鸡体重过大或过肥，对日粮实行必要的数量限制，或在能量、蛋白质质量上给予限制，这一饲喂技术称限制饲养。

1. 限制饲养的目的

（1）防止育成鸡吃过多的饲料　一般蛋用型鸡限饲可节约7%～8%的饲料；中型育成蛋鸡限饲，一般可节省饲料 10%～15%。

（2）控制体重增长，维持标准体重　限制饲养通常在 6 周龄开始。

（3）保证正常的体脂肪蓄积　6 周龄的雏鸡，大约含有 4% 的体脂肪，此后鸡的脂肪也不允许低于总体重的 4%，这个含量大概对于保护组织和器官是必需的。白来航育成鸡的腹脂是在 8～18 周龄沉积的，期间通过限饲的新母鸡能控制腹脂的适当厚度，约为自由采食的新母鸡的一半，而且可使整个产蛋期始终保持这个水平，有利于维持产蛋持久性。

（4）育成健康结实、发育匀称的后备鸡　在胫长、体重双重指标监控下，随时调整限饲日粮的营养水平和饲喂量，使育成鸡生长发育朝着预期的方向发展。胫长只要符合规定标准，就说明骨骼发育正常，在骨骼匀称基础上，体重适宜，可以说明软组织生长的主要内容是肌肉和脏器，两个指标的结合在很大程度上保证了育成鸡健康结实、发育匀称。

（5）防止早熟，提高生产性能　体重过小或过大、早熟和延迟成熟的鸡群，产蛋量都不会达到标准水平。一般限饲可使性成熟推迟 5～10 天，迟产的鸡可减少产蛋初期小蛋的数量。

（6）减少产蛋期间的死淘率　限制饲养虽然在生长期死淘率较

高，但在产蛋期死淘率则较低，原因是一些未被发现的病弱鸡在生长期间因不能耐受限制饲养而死亡。

2. 限制饲养的方法

目前对蛋鸡的限制饲养多采用限量法，把每天每只鸡的饲料量减少到正常采食量的 90%。采用这种方法，必须先掌握鸡的正常采食量，因每天的喂料总量随鸡群日龄而变化，故要正确称量饲料。具体实施时，要查明雏鸡的出生时间、周龄和标准饲喂量，再确定给料量。限饲生效必须从 7~8 周龄开始，使体重与每周计划保持一致，到育成期末再进行调整会使产蛋量受到很大影响。采用限量法时，日粮质量要好，否则量少质又差会使鸡群生长发育受到阻碍。

3. 限制饲养注意事项

（1）正确执行限饲方案　根据蛋鸡品系的发育标准、出雏日期、鸡舍类型及鸡场内饲料条件等，有针对性地制订出限饲计划，还必须正确而严格地执行方能收效。每周龄的鸡群数要清点无误，每次给料量要称量准确。料位、水位必须充足，料厚度要均匀，让鸡群在相同时间吃上饲料。采用自动饲喂器时，要防止靠近料斗的鸡首先吃料、吃到过多的料，而鸡舍尽头的鸡吃料太少，可加快自动饲喂器的速度，从 6m/min 提高到 12.2m/min，尽快将饲料布满料槽，防止鸡集中在饲喂器的一个区域，造成采食不均匀。使用常规饲喂器，应当在清晨采食之前，将料槽各部位都装满饲料，使鸡采食机会均等。

（2）预防应激　在鸡群因防疫注射、转群、运输、断喙、疾病、高温、低温等逆境而发生应激反应时，必须通过改变饲养方案予以补偿，恢复正常后再行限饲。

（3）限制饲喂标准　要求限制饲喂的鸡群比不限制的鸡群平均体重减少 10%~20%，如体重减轻至 30% 以上或 20 周龄的平均体重在 1050g 以下，就会使以后的产蛋量减少，死亡率增高。

（4）不可盲目限饲　鸡的饲料条件不好，后备鸡体重较轻，不可进行限制饲喂。我国目前饲养的蛋鸡多为体形较小的早熟高产蛋鸡品种，在鸡生长及产蛋阶段日粮中很少添加脂肪。因此，能量水平低于国外标准，使开产体重轻，在这种情况下，不要过于强调限饲，以达到标准体重为目的。

（三）饮水

育成期每只鸡要有足够的饮水位置，一般为 3cm。要求饮水清洁卫生，每天坚持洗刷一次饮水器，饮水器位置固定不变。饮水量除与采食量、体重大小有关外，还与气温的高低有关：气温低，饮水量少；气温高，饮水量多。一般情况下，周围的环境温度越高，鸡的采食量越少，影响机体的生长发育。环境温度高时，可饮用凉水并且经常更换，最好在每次喂料前换凉水。

（四）体重与均匀度的测定

1. 体重测定

轻型鸡要求从 6 周龄开始每隔 1～2 周称重一次，中型鸡 4 周龄后每隔 1～2 周称重一次，以便及时调整饲养管理措施。称测体重的数量，每 1 万只鸡按 1% 抽样，小群按 5% 抽样，但不能少于 50 只。抽样要有代表性。一般先把栏内的鸡徐徐驱赶，使舍内各区域的鸡以及大小不同的鸡能均匀分布，然后在鸡舍的任一地方随意用铁丝网围大约需要的鸡数，并将伤残鸡剔除，剩余的鸡逐个称重登记，以保证抽样鸡的代表性。笼内饲养，为保证抽样鸡的代表性，要在鸡舍内不同区域抽样，但不能仅取相同层次笼的鸡，因为不同层次的环境不同，体重有差异，每层笼取样数量也要相等。体重测定要安排在相同的时间，如周末早晨空腹测定，称完体重后再喂料。

2. 均匀度测定

鸡群的均匀度是指群体中体重在平均体重 ±10% 范围内鸡所占的百分比。例如，某鸡群 10 周龄平均体重为 760g，超过或低于平均体重 ±10% 的范围是，$760 + 760 \times 10\% = 836$（g）和 $760 - 760 \times 10\% = 684$（g）。在 5000 只鸡的鸡群中抽样 5%，即 250 只，体重在 ±10%（684～836g）范围内的有 198 只，则占称重总鸡数的百分比是 $198 \div 250 = 79.2\%$，抽样结果表明，这群鸡的均匀度为 79.2%。均匀度在 70%～76%时为合格，达到 77%～83%为较好，达到 84%～90%为很好。统计学上以变异系数来表示均匀度，变异系数在 9%～10%为合格，在 7%～8%为较好。必须强调，评价育成群体优劣，重要的是全群鸡必须均匀一致。但是，均匀度必须建立在标准体重范围内，脱离了标准体重来谈均匀度是无意义的。一个良好的育成鸡群不仅体重应符合标准，且均匀度要高。在鸡群密度大，过于拥挤，喂料不均匀或不按标准喂料，断喙不正确，每个笼或栏内饲养鸡的数量不一致以及感染疾病时，体重均匀度均会受到不利影响。

四、育成鸡的管理技术

加强育成鸡的管理，控制好育成鸡舍的小环境，适时转群，注意饲养密度，控制性成熟，预防啄癖，补充断喙，添喂沙砾，培育合格青年母鸡。

（一）饲养密度

育成鸡无论是平面饲养还是笼养，都要保持适宜的密度，这样才能使个体发育均匀。适当的密度不仅增加了育成鸡的运动机会，还可以促进其骨骼、肌肉和内部器官的发育，从而增强体质。网上平养时每平方米 10～12 只，在育成期的前几周每平方米 12 只，后几周每平方米 10 只；笼养条件下，比较适宜的密度，按笼底面积计算，每平方米 15～16 只。

雏鸡从脱温开始就需逐渐缩小舍内饲养密度，使整个育成期一直保持在适当密度。

（二）控制性成熟

性成熟过早，就会早产蛋，产小蛋，持续高产时间短，出现早衰，产蛋量减少；若性成熟晚，则推迟开产时间，产蛋量减少。因此，要控制性成熟，做到适时开产。控制性成熟的主要方法，一是限制饲养，二是控制光照。特别是 10 周龄以后，光照对育成鸡的性成熟作用越来越明显。控制性成熟的关键是把限制饲养与光照管理结合起来，只强调某个方面不会起到很好的效果。按限制饲养要求管理，鸡的体重达到了该品种的开产日龄，但没有开产，原因是光照时间不足，性器官发育受到影响，这说明鸡的体重不完全是控制性成熟的标志；仅强调光照管理，鸡群体重较小，增加光照时间的结果会使开产鸡蛋重小，脱肛现象多。

（三）饲喂设备

育成鸡按不同的饲养方式，采取不同的管理措施，鸡舍面积和料槽、水槽都要以性成熟时的需要为准。育成期料槽位置每只鸡为8cm或4.5cm以上的圆形食盘位置，以防因采食位置不当而造成抢食和出现拥挤踩踏现象。饮水器则每只有2cm以上的位置即可。

（四）通风

育成鸡的环境适应能力比雏鸡强，但是育成鸡的生长和采食量增加，呼吸和排粪量相应增多，舍内空气很容易污浊。通风不良，则鸡羽毛生长不良，生长发育减慢，整齐度差，饲料转化率下降，容易诱发疾病。管理良好的开放式鸡舍，不难保持清新的空气；密闭式鸡舍必须安装排风机，特别在夜间熄灯后，往往忽视开机通风。通风要适当，既要维持适宜的鸡舍温度，又要保证鸡舍内有较新鲜的空气。夏季鸡舍温度升至30℃时，鸡表现不安，采食量下降，饮水减少，温度越高，应激越大，越要加大通风量。

（五）防治啄癖

防治啄癖也是育成鸡管理的一个重点。防治的方法不能单纯依靠断喙，应当配合改善室内环境，降低饲养密度，改进日粮，采用10lx光照。在体重、采食量正常的情况下如槽中无料，也可考虑适当缩短光照时间等防止啄癖。已经断喙的鸡，在14~16周龄转群前，应拣出早期断喙不当或捕捉时遗漏的鸡，进行补切。

（六）添喂沙砾

在饲料中添喂沙砾，是为了提高鸡胃肠的消化机能，改善饲料转化率；而且育成期日粮中能量与蛋白质在肌胃停留过久，会对肌胃胃壁产生一定的腐蚀作用，沙砾能加速饲料在肌胃中通过的速度，减少腐蚀性，保护肌胃健康，防止育成鸡因肌胃中缺乏沙砾而吞食垫料、羽毛，特别是吞入碎玻璃，对肌胃造成创伤。添喂沙砾要注意添加量和粒度，每 1000 只育成鸡，5～8 周龄一次饲喂量为 4.5kg，能通过 1mm 筛孔；9～12 周龄 9kg，能通过 3mm 筛孔；13～20 周龄 11kg，能通过 3mm 筛孔。沙砾除可拌入日粮外，也可以单独放在砂槽内任鸡自由采食。沙砾要清洁卫生，添喂之前用清水冲洗干净，再用 0.01％高锰酸钾水溶液消毒。

（七）卫生和免疫

疫苗接种方案应在育雏之前制定好。疫苗接种方案由专家制定，因时、因地区、因不同季节、不同批次的鸡群而异。生产中应严格遵守免疫程序，接种认真、正确。大多数免疫失败的原因不在于免疫方案的失误，而在于管理上的失误，如疫苗陈旧、保存不当、使用不正确等。育成期内免疫任务最重，注射疫苗工作量大，要保质保量。应用药物和疫苗必须认真核对品名与剂量。以饮水方式给药的疫苗，要先断水 2～4h，根据日饮水量，控制加疫苗的适当用水量，既要保证疫苗饮水充足，又要防止因加水太多，不能在规定时间内饮完，否则会使疫苗失效。接种疫苗后还要检查免疫状态，监测产生抗体的滴度与均匀度，这是和免疫同等重要的控制疾病的重要措施。发现寄生虫病（如蛔虫病、绦虫病或螨类寄生虫病），必须采取有针对性的防治措施。鼠类消耗和污染饲料，传播疾病，常引起重大的经济损失，出现鼠害时应立即实施灭鼠措施。在生长期转群时或天气骤冷时，应做好药物投放工作。

（八）青年母鸡性成熟的控制

不同品种与品系的母鸡各有一定的性成熟期，产蛋率达 50％的日龄，早的 150 天左右，晚的 165 天左右。培育良好的育成鸡，若控制适宜，又适时开产，可如期达到应有的产蛋高峰，且产蛋持续性好，全期产蛋量多。现代蛋鸡一般均具早熟特点，在生产期间对光照或饲养等条件未加注意，特别是一些体重小的蛋鸡易于过早性成熟，开产虽早，但蛋小，种蛋合格率低，日后产蛋持续性差，鸡群死亡率也高。因此，要注意控制性成熟。

1. 尽量避免过长光照

在生长期间，特别是后半期，尽可能使每天的光照时间短一些，每天最好少于11h，否则须人为加以控制，尽量避免光照时间逐渐延长，使生长期间保持稳定的或逐渐缩短的光照时间。

2. 限制饲喂

用每天减少饲喂量、隔日饲喂或限制每天喂料时间等方法，使母雏在8～20周龄的采食量，轻型蛋鸡减少7%～8%，中型蛋鸡减少10%左右，这样不仅节省饲养费用，也可防止体重增长过快，发育过速，提前开产。

3. 停止喂料

在120～140日龄，一次或两次连续停止喂料3天。开产日龄在150天的以一次为好，开产日龄在155～165天的以两次为好。两次停料不宜连续进行，在停料3天后喂1天料，再停料3天。此项措施虽严苛，但对减轻体重效果大，不影响以后的生产性能，方法简便，也能控制早熟，且能减少体脂，降低开产后输卵管外脱的发生率。应用此方法时，鸡群健康状况要好，管理要加强，饮水不能断。

（九）高产蛋鸡开产体重的调控

早熟蛋鸡开产体重过小，是产蛋高峰不高或产蛋率降低过快的原因。美国 Kenton Krengen 博士认为："在后备母鸡的培育过程中，达到适宜体重可能是一个极为重要的质量因素。体重不足的后备母鸡似乎不太可能达到高峰产蛋率，经常出现高峰后产蛋率下降和降低蛋重的现象，并可能影响终生。"加拿大 John Summers 教授认为："开产后体重不足而不是过重是一个全球性的问题。"鉴于我国蛋鸡生产中存在的问题，提出如下调控建议：

1. 明确开产体重目标

了解饲养品种（配套系）的体重指标，对于饲养者至关重要。

2. 重视后备鸡日粮的能量因素

目前我国的蛋鸡日粮能量不足往往被人们所忽视，尤其是在

15周龄以后，在后备鸡全价日粮中加入过多的麸皮，而相对减少了能量饲料玉米的用量，很少利用油脂或全脂大豆，能量一般达不到标准。在国外的蛋鸡各个阶段的日粮中一般添加 $1\%\sim1.5\%$ 的油脂，不但能够有效地提高育成鸡的体重，而且能够提高饲料转化率，增加经济效益。因此，建议蛋鸡饲养者在日粮中注意添加膨化大豆粉、鱼油、玉米油或其他油脂，以改变我国目前蛋鸡日粮能量水平不足的现状。

3. 不能盲目采用限饲技术

国外育种公司都提倡后备鸡限饲，防止母鸡过早开产，但是这种做法是有一定条件的。在目前蛋鸡日粮能量严重不足的条件下，若采用限饲技术，只能适得其反，母鸡的体重更无法达到标准要求。因此，在饲养早熟品种（配套系）蛋鸡时，限饲要根据所使用的日粮营养水平而决定。

4. 延迟开始光照刺激的时间

后备母鸡在接受开产光照刺激之前必须达到适宜的体重。体重不足，过早进行光照刺激，提前开产的母鸡往往产蛋小，双黄蛋多，脱肛现象严重，产蛋高峰低，后劲不足，而且使整个产蛋期的死亡率提高。因此，在生产中补充光照的时间要根据母鸡的体重而定，不能一概规定为 $19\sim20$ 周龄。母鸡体重达不到标准，光照开始刺激的时间向后延迟几周是很有必要的。

5. 后备母鸡饲养密度的调整

鸡群的密度与母鸡体重大小有着直接的关系。在笼养条件下，转群太晚或者单笼饲养的数量过多，鸡只占有面积过少，都会严重影响开产时母鸡的体重。尤其在目前鸡舍环境控制不太规范的条件下，密度大对鸡群的发育及健康影响更大。饲养密度可低于国外标准，这样对母鸡按时达到开产体重是有益的。

第三节　产蛋鸡的饲养与管理

产蛋期一般是 $21\sim72$ 周龄这段时间，也就是从育成期结束后到母鸡产蛋，再降到 50% 左右直至淘汰前的这段时间。此阶段的核心是最大限度地减少或清除各种不利因素对产蛋鸡的有害影响，创造一个有益于蛋鸡健康和产蛋的最佳环境，使鸡群充分发挥其产蛋性能，以最少的投入换取最多的产出，从而获得最大化的经济效益。本节将从熟悉产蛋鸡的生理和生产特点，明确产蛋鸡的饲养模式，掌握产蛋规律及生产力计算，控制产蛋鸡的生活环境，运用产蛋鸡饲养管理新技术等方面进行阐述。

一、产蛋鸡的生理和生产特点

熟悉开产前后产蛋鸡的生理特点和生产规律，按照这些特点和规律所需的要求提供合适的条件。

1. 开产后身体尚在发育

刚开产的母鸡在性成熟后体重仍在增长，至 40 周龄才减缓，40 周龄以后，以沉积脂肪为主；而卵巢、输卵管发育在性成熟时急剧增长。性成熟以前输卵管长仅 8~10cm，性成熟后输卵管发育迅速，在短期内变得又粗又长，长约 50~60cm。卵巢在性成熟前，质量只有 7g 左右，到性成熟时迅速增长到 40g 左右。

2. 营养物质利用率有侧重

自性成熟开始，在雌激素作用下对形成蛋壳所需的钙沉积能力加强；进入产蛋高峰后，营养物质吸收率和采食量都将持续加强；产蛋后期，消化能力减弱而脂肪沉积能力增加。因此保证足量的钙和磷以及钙磷比例平衡，对提高产蛋率和防止产蛋疲劳综合征很有意义。

3. 对环境的变化敏感

产蛋鸡易神经质，产蛋性能的发挥会因鸡舍环境的改变而下降，严重时还会造成应激死亡。

二、产蛋鸡的饲养模式

选择操作简便、光照均匀、通风良好、生产安全、拆装方便、清洁卫生、利用率高的饲养方式。

蛋鸡的饲养方式主要有舍内笼养与山林散养两种，其中舍内笼养占绝大多数。散养与笼养相比较：

① 散养降低了鸡的体重指标，增大了内脏器官指数；

② 鸡舍内笼养比散养提高了繁殖性状；

③ 散养可以在一定程度上改善鸡体健康状况，落实了鸡群福利。

舍内笼养又分为育雏—育成—产蛋鸡三阶段与育雏育成—产蛋鸡两阶段。前者鸡体阶段发育良好，后者前期与后期的生长发育管理要求更细致。

三、掌握产蛋规律及生产力计算

根据产蛋曲线配制不同全价日粮，提供合理光照，以保证产蛋率快速上升至高峰值并稳定在相当长一段时间才缓慢下降，见图5-1。

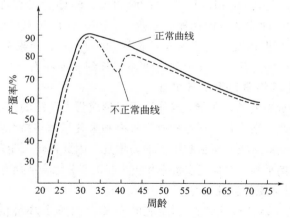

图 5-1　蛋鸡的产蛋曲线

（一）蛋鸡的产蛋规律

1. 产蛋前期

产蛋前期是指开始产蛋到产蛋率达到 80％ 之前的一段时间，通常是从 21 周龄初到 28 周龄末。少数品种的鸡开产日龄及产蛋高峰都前移到 19～23 周龄。这个时期的特点是产蛋率增长很快，以每周 20%～30% 的幅度上升。鸡的体重和蛋重也都在增加，体重平均每周可增长 30～40g，蛋重每周增加 1.29g 左右。

2. 产蛋高峰期

当鸡群的产蛋率上升到 80% 时，即进入了产蛋高峰期。80% 产蛋率到最高峰值时的产蛋率仍然上升得很快，通常 3～4 周便可升到 92%～95%。90% 以上的产蛋率一般可以维持 10～20 周，然后缓慢下降。当产蛋率降到 80% 以下，产蛋高峰期便结束了。现代蛋用品种产蛋高峰期通常可以维持 6 个月左右，72 周龄时产蛋率仍保持在 65% 左右。

3. 产蛋后期

从周平均产蛋率 80% 以下至鸡群淘汰，称为产蛋后期，通常是指 60～72 周龄的一段时间。产蛋后期周平均产蛋率下降幅度要比产蛋高峰期下降幅度大一些。

(二) 蛋鸡的生产力计算

1. 开产日龄

开产日龄是母鸡性成熟的日龄，即从雏鸡出壳到成年产蛋时的日数。计算开产日龄有两种方法：

① 做个体记录的鸡群，以每只鸡产第一个蛋的日龄的平均数作为群体的开产日龄。

② 大群饲养的鸡，从雏鸡出壳到全群鸡日产蛋率达 50% 时的日龄代表鸡群的开产日龄。

高产鸡的开产日龄应在 155～165 天之间。

2. 母鸡的产蛋量

母鸡的产蛋量指母鸡在统计期（72 周龄或更长）内的产蛋数。母鸡的产蛋量有入舍鸡数和母鸡饲养日数两种统计方法。

（1）按入舍鸡数计算 其公式为：

入舍母鸡产蛋量（个）＝统计期内的总产蛋量/入舍母鸡数

入舍母鸡产蛋量是一个很过硬的生产指标，它反映鸡群的生活力、产蛋率、饲养管理水平等。母鸡死淘率越低，产蛋率越高，入舍鸡产蛋量就越高。国外普遍使用该指标来考察养鸡企业的饲养管理水平。而国内很多鸡场由于成年鸡死淘率较高，不敢使用该指标，而使用饲养日产蛋量的指标。

（2）按母鸡饲养日数计算　其公式为：

饲养日产蛋量（个）＝统计期内的总产蛋量/平均饲养的母鸡只数

其中，平均饲养的母鸡只数＝统计期内累加饲养只数/统计期天数

饲养日产蛋量指标因不考虑鸡群的死淘率，能给人以错觉，只有死淘率低时，饲养日产蛋量才能反映实际情况。

3. 产蛋率

产蛋率指母鸡在统计期内的产蛋百分比。有饲养日产蛋率和入舍鸡产蛋率两种计算方法。

（1）饲养日产蛋率　其公式为：

饲养日产蛋率（％）＝统计期内的总产蛋量/实际饲养日母鸡
只数的累加数×100％

当天鸡群的饲养日产蛋率就表示当天鸡群的产蛋率。鸡群的日产蛋率达到80％以上时就表示鸡群进入了产蛋高峰期。高峰产蛋率就是产蛋期间日产蛋率达到最高点的数值。产蛋高峰期的长短和高峰产蛋率的高低是决定鸡群产蛋量高低的重要指标，也是鸡种优劣的重要指标。

（2）入舍鸡产蛋率　其公式为：

入舍鸡产蛋率（％）＝统计期内的总产蛋量/（入舍母鸡数×
统计日数）×100％

入舍鸡产蛋率与入舍鸡产蛋量一样，都是反映鸡群真实情况的指标。当饲养日产蛋率与入舍鸡产蛋率基本一致时，表明鸡群健康状况良好；若两者的数值高而且一致，表明这是一个高产的鸡群。

4. 平均蛋重

平均蛋重是代表母鸡蛋重大小的指标，以克为单位表示。

经过对产蛋各周的平均蛋重的测定，发现43周龄的平均蛋重与全期各周平均蛋重指标最接近。因此，通常用43周龄的平均蛋重代表全期的蛋重。个体记录的鸡群，在43周龄时连称3个以上

的蛋重求平均值；大群记录时，连续称 3 天的总蛋重求平均值。鸡群数量很大时，可按日产蛋量的 5％称测蛋重，求 3 天的平均值。

5. 总蛋重

总蛋重即每只母鸡产蛋的总重量，以千克为单位表示。计算公式为：

$$总蛋重(kg)＝[产蛋量×平均蛋重(g)]÷1000$$

总蛋重指标反映鸡群的实际生产能力，是最有经济价值的一个指标。总蛋重取决于产蛋量的高低和蛋重的大小。

6. 产蛋期存活率

产蛋期存活率指入舍母鸡数减去死亡数和淘汰数后的存活数占入舍母鸡数的百分比。计算公式为：

$$产蛋期存活率(％)＝[入舍母鸡数－(死亡数＋淘汰数)]/$$
$$入舍母鸡数×100％$$

产蛋期存活率是鸡群生活力指标，反映鸡群的健康水平和饲养管理技术水平。高水平的鸡群产蛋期存活率在 90％以上。目前国内一般鸡场的产蛋期存活率在 80％～85％，原因在于死淘率较高。

7. 产蛋期死淘率

产蛋期死淘率指产蛋期死亡和被淘汰的总鸡数占入舍母鸡数的百分比。计算公式为：

$$产蛋期死淘率(％)＝(产蛋期死亡鸡数＋被淘汰鸡数)/$$
$$入舍母鸡数×100％$$

产蛋期死淘率与存活率都是代表鸡群生活力的指标。国外一般用"死亡率"这一名称，我国多用"死淘率"，因为病弱残鸡既传染疾病又浪费饲料，毫无饲养价值，及时淘汰一举两得，具有生产和防疫的双重意义。

8. 产蛋期料蛋比

产蛋期料蛋比指母鸡在产蛋期内所消耗的饲料量与产蛋总量之比，即每千克蛋所消耗的饲料量，也叫饲料转化比。公式为：

$$产蛋期料蛋比＝产蛋期总耗料量(kg)/总蛋重(kg)$$

料蛋比是一个很重要的经济指标，它反映鸡对饲料的利用和转化效率。鸡的产蛋量高时不见得利润高，只有产蛋量高的同时耗料又少的鸡群才有较高的收益。选择料蛋比低的鸡种是提高经济效益的重要途径之一。理想的料蛋比为（2.3～2.5）：1。

四、产蛋鸡的小气候环境

鸡舍内外环境是否适宜将直接影响蛋鸡产蛋性能的发挥，因此提供舒适的小环境是保证蛋鸡产蛋性能充分发挥的首要条件。

蛋鸡养殖的环境控制主要包括舍内、舍外两部分。

（一）舍内环境控制

舍内环境控制主要包括通风、光照、饲喂、饮水、温度、湿度、密度、选鸡和捡蛋。

1. 通风

不论鸡舍大小或养鸡数量多少，保持舍内空气新鲜、通风良好是必不可少的。在高密度饲养的鸡舍，这个问题尤为重要。因为通风不好，随时会有大量的有害气体，如氨气和硫化氢等释放出来，并充溢于整个鸡舍，影响鸡的正常生长、产蛋并引发多种疾病。因此，生产中应在鸡舍的底部设置地窗，中部设大窗，房顶设带帽的排气圆筒。夏季全部开放，冬季可关闭中部大窗，仅留地窗和房顶的排气圆筒。也可在中部设排气扇，以便在冬季快速排除舍内污浊的空气。冬季要密切注意通风系统，不可引入贼风或把舍内温度降得太低，以减少饲料消耗，防止引发各种疾病。

2. 光照

光照对鸡的产蛋性能影响较大，合理的光照能刺激排卵，促进鸡的正常生长发育，增加产蛋量。生产中应从蛋鸡 20 周龄开始，采用人工补充光照的办法，每周增加光照半小时，直到每周达到 16h 为止，以后每天保证有效光照 16h，直到鸡淘汰前 4 周，再把光照时间逐步增加到 17h，直至淘汰。人工补充光照，以每天早晨天亮前效果最好。补充光照时，舍内每平方米地面以 3～5W 为宜。灯距地面 2m 左右，最好安装灯罩聚光，灯与灯之间的距离约 3m，以保证舍内各处得到均匀的光照。

3. 饲喂

蛋鸡多采用干粉料饲喂，饲喂次数每天 1～2 次，若一次饲喂，放在下午 3 时较好；若两次饲喂，宜在上午 9 时和下午 3 时各喂一次。日饲喂量一般每只鸡 100～120g，根据体重变化适当增减喂料量，以不影响产蛋为宜。为了保持鸡旺盛的食欲，每天应保证有一定的空槽时间，一是可以防止饲料长期在食槽存放发生霉变，二是可以防止鸡产生厌食和挑食的恶习。

4. 饮水

水对养鸡生产十分重要，缺水的后果往往比缺料更严重。水参与机体的整个代谢过程，它对调节体温、养分的运转、消化、吸收和废物的排除具有其他物质不可替代的作用。正常鸡蛋的含水量达 70％以上，每只鸡每天需饮水 220～380mL。饮水不足，鸡采食量减少，影响正常生长发育，至少可以降低 50％的产蛋率。水质不良也能导致产蛋率和蛋质蛋重下降。因此，蛋鸡养殖应及时供给符合饮用水标准的充足清洁的饮水，最好是长流水。

5. 温度

鸡舍最适宜的温度是 18～23℃，温度过高或过低均不利于产蛋，要保持鸡舍温度适宜。在夏季应注意鸡舍通风，可以加大换气扇的功率，改横向通风为纵向巷道式通风，使流经鸡体的风速加大，及时带走鸡体产生的热量，如结合喷水、洒水，适当降低饲养密度，能更有效地降低舍内温度。冬季应注意做好保暖工作。鸡舍的门窗，在夜间或风雪天要挂草帘遮盖，有利于提高舍温，还可在鸡舍的北墙外用玉米秸等搭成风障墙，也可堆草垛挡风御寒；也可在天棚顶上加稻壳、锯末等作防寒层。

6. 湿度

鸡舍最适宜的湿度为 60％～70％。如果舍内湿度太低，蛋鸡就会呆滞，羽毛蓬乱，皮肤干燥，羽毛、喙、爪等色泽暗淡，并且极易造成鸡体脱水，引起鸡群发生呼吸道疾病。潮湿空气的导热性为干燥空气的 10 倍，冬季如果舍内湿度过高，就会使鸡体散发的热量增加，使鸡更加寒冷；夏季舍内湿度过高，就会使鸡呼吸时排散到空气中的水分受到限制，鸡体污秽，病菌大量繁殖，易引发各种疾病，引起产蛋量下降。生产中可采用加强通风和在室内放生石灰块等办法降低舍内湿度。

7. 密度

产蛋鸡的饲养密度不宜过大，比较适宜的密度为：地面平养时，轻型品种每平方米 6 只，中型品种每平方米 5 只；网上平养时，轻型鸡每平方米 8～10 只，中型鸡 7～8 只；笼养密度因鸡笼的组装形式各异，一般为平养的 2～4 倍。

8. 选鸡

选鸡应在鸡产蛋率 50% 时进行，这时应将生长发育不良、鸡冠干燥皱缩，羽毛蓬乱，头部、喙部、胫部明显呈深黄色的鸡，活力差、不健康的鸡，腹部大量蓄积脂肪的鸡选出来淘汰掉。这样，不仅可以减少饲料消耗，重要的是减少了疾病传播，净化了鸡舍环境。

9. 捡蛋

及时捡蛋，创造一个无蛋环境，可以提高鸡的产蛋率。鸡产蛋的高峰期一般在日出后 3～4h，下午产蛋量占全天产蛋量的 20%～30%，生产中应根据产蛋时间和产蛋量及时捡蛋，一般每天 2 次，夏天可捡 3 次。

（二）舍外环境控制

1. 要搞好环境消毒

鸡舍外定期用 2% 火碱溶液喷洒，门口设消毒池。

2. 及时清除鸡舍外的杂草

鸡舍外的杂草可能有病原微生物附着在上面，不清除干净会影响彻底消毒，甚至遭受意想不到的损失。

3. 加强鸡舍外绿化工作

在不影响鸡舍通风的情况下，在鸡舍外种植一些树木、藤蔓植物和草坪等，这些植物通过光合作用吸收二氧化碳、释放氧气，夏季可降低环境温度 10%～20%，减轻热辐射 80%，降低细菌含量 22%～79%，除尘 35%～67%，除臭 50%，减少有毒有害气体

25%，还有防大风、防噪声的作用，可以有效地改善鸡舍外的气候环境。

4. 严防各种应激因素发生

特别在鸡的产蛋高峰期，其生产强度较大，生理负担较重，生活能力趋于下降，抵抗力较差。如遇应激，就会导致鸡的生长发育受阻，饲料消耗增加，产蛋量急剧下降，死亡率上升，并且产蛋量下降后，很难恢复到原有水平。因此，要保持鸡舍及周围环境的安静，饲养人员应着固定工作服，闲杂人员不得进入鸡舍；堵塞鸡舍内的鼠洞，定期在舍外投放药饵以消灭老鼠；防止猫、犬等进入鸡舍；严禁在鸡舍周围燃放烟花爆竹；饲料加工、装卸应远离鸡舍，这不仅可以防止噪声应激，而且还可防止鸡群疾病的交叉感染。蛋鸡舍周围环境的好坏直接影响到蛋鸡的产蛋水平，因此必须高度重视。

五、产蛋鸡的饲养管理技术

加强预产阶段的饲养管理，搞好产蛋高峰期的饲养管理，稳定高产蛋鸡产蛋率的饲养管理技术，准确及时淘汰低产及不产蛋鸡，运用产蛋鸡的防暑降温技术。

（一）加强预产阶段的饲养管理

产蛋鸡开产期饲养管理原则：开产前做好蛋鸡的全部基础免疫工作，并同时做好驱虫，为进入产蛋期保持好的状况、较高的抗体水平和机体抵抗能力以及提高饲料转化率做好充分准备；做好饲料营养的调整和光照管理，以满足产蛋鸡生产的需要。

1. 产蛋鸡饲养技术

① 饲料营养要从育成料过渡到产蛋料，但要坚持循序渐进的原则。

a. 做好育成期向产蛋期的科学过渡。方法是：2/3 的育成期日粮＋1/3 的产蛋期日粮饲喂 2 天，1/2 的育成期日粮＋1/2 的产蛋期日粮再喂 2 天，1/3 的育成期日粮＋2/3 的产蛋期日粮再喂 2 天，以后改成产蛋期日粮，整个过渡期约一周完成。

b. 以后饲料营养的增加要随着产蛋率的递增而逐渐增加，切忌增加太猛。蛋白质增加过量会因蛋体太大增加难产、脱肛概率，而且一旦不能及时发觉会因严重啄肛致死；贝壳粉或石粉加入太猛、过量，蛋鸡吸收不了，只能通过增加饮水、加强体循环促进排泄多余的矿物质来保持平衡，不但增加了肝、肾功能负担，而且往往容易导致腹泻的发生，豆粕、贝壳粉的增加量只能每次调整1%～2%。

② 开产前两周可在饲料中加入 2%的贝壳粉或石粉，以促进钙、磷的储备。

③ 要注意饲料日粮的平衡供给。特别要考虑能量蛋白比、钙磷比及钙与钠之间的协同性，以及各种必需氨基酸之间的协调、平衡等细节。通常蛋鸡料能量蛋白比以 17∶1 为宜。

2. 产蛋鸡管理技术

（1）适时开产 蛋鸡能否开产很重要的评判依据是体重和胫长（高），体重过轻或者胫长（高）不够即行开产，容易导致蛋体小、产蛋高峰持续期短、产蛋总量低，严重的会因难产引起不必要的损失。因此，开产时机的把握要根据其品种要求待达到体重和胫长（高）标准来综合衡量，确认鸡群达性成熟和体成熟时方可开产。

（2）补光与换料须同步进行 待育成蛋鸡达品种开产体重和胫长（高）标准即可转入产蛋期管理，第一周先补光 0.5～1h，以后每周增加 0.5～1h，直至光照时长达 16h 保持恒定。

3. 适时转群

（1）转群前的准备 在转群前的 3～5 天将产蛋鸡舍准备好，并进行严格消毒，待饲养设备安装、维修等工作完成后，方可进鸡。在转群前 1 周做好后备鸡的免疫接种、驱虫工作，并保持环境安静，减少各种应激因素的干扰。做好转群舍和饲养员的安排，准备鸡群所需的饲料，并确定转群时的参加人员，备好运鸡工具等。

（2）转群时间 转群时间一般在 16～18 周龄。而对于商品代鸡要达到标准时方可转群，如迪卡蛋鸡体重达到 1450g 之前 2 周进行转群，也就是说转群时间不是以周龄而是以体重决定的。另外也要防止转群过晚，最好在开产前2周转群，以免影响正常开产。

（3）转群操作要点　转群是一项比较繁重的工作，要求人员合理分工，集中人力、物力把转群工作做好。

① 抓鸡　若平养可选用隔网围栏将鸡圈起来。为尽量减少惊群、防止压伤，每次围圈鸡数不要太多，抓鸡动作要迅速，不能粗鲁，防止折断鸡腿部和翅膀。若围栏卡住鸡的腿部、头部或翅膀，要轻轻取出，禁止用力拉或用脚踢开，尽量减少人为造成的伤残。

② 鸡只质量检查　技术人员应严把质量关，每只鸡都要严格检查，选择体格结实，发育匀称，体重、外貌符合本品种要求的鸡转到产蛋鸡舍，把那些不符合要求的鸡淘汰掉，断喙不良的鸡也要重新修整。可以结合转群，按鸡的体重大小完成分群工作。

③ 计数　经技术人员质量检查过的鸡要设专人计数，最好由场里统计人员具体负责。产蛋鸡舍是笼养方式的，每笼按规定放几只，密度要均匀；平养鸡舍，每个围栏或每个隔间放多少，要按饲养密度要求放入一定数量的鸡。

④ 运输　装鸡时，不要将鸡硬塞乱扔，防止骨折。每车数量不要过多，以防压伤。装上一定数量的鸡后，迅速而平稳地运到产蛋舍。运输途中，减少颠簸，防止鸡从车内跑出来，对个别从运输车左右两边的网孔伸出头来的鸡要及时调整其头部，以防止挤伤，尽量减少不应有的损失。

（4）转群后的注意要点　转群后，尽快恢复喂料和饮水，饲喂次数增加1~2次，不能缺水。由于转群应激影响，鸡的采食量需4~5天才能恢复正常。为防止维生素缺乏，饲料中应添加1~2倍的复合维生素或电解质，饲料仍使用育成后期料。产蛋鸡舍采用乳头式饮水器，育成鸡舍采用其他饮水设备的，转群后要不断拨动饮水器乳头，检查是否有水，并尽快教会新母鸡饮水。为使鸡群尽快熟悉产蛋舍内的环境，应给予48h的光照，2天后再恢复到正常的光照制度。经常观察鸡群，特别是笼养鸡，防止卡脖而死，跑出笼外的鸡要及时抓回笼内。由于转群的应激，会出现部分弱鸡，要及时挑出淘汰或单独饲养。

（二）搞好产蛋高峰期的饲养管理

产蛋高峰期持续时间的长短，不仅直接反映了鸡群产蛋能力的大小，而且也影响着产蛋高峰后产蛋曲线的下降幅度，与全期产蛋量有着密切的关系。因此，只有采取必要的技术措施，提高蛋鸡产蛋高峰期的产蛋率，才能挖掘最大的生产潜力，进而获得较好的经济效益。

1. 搞好产蛋高峰期的饲养管理

（1）重视育成鸡的培育

① 选择高产蛋鸡品种　高产蛋鸡品种生产潜力大，因此，选择高产品种饲养，产蛋高峰能达到较高水平。

② 保持育成母鸡健康整齐　育成母鸡的状态与产蛋高峰期的生产成绩密切相关，鸡群体重整齐性好、骨骼结实、肌肉发达，产蛋高峰产蛋率一般能较高。因此，做好育成母鸡的饲养管理尤为重要，应用科学技术使蛋鸡各阶段体重符合标准要求和保持鸡群均匀一致，为蛋鸡进入产蛋高峰打下基础，体重必须达标或控制超标体重在 5%～10%。

③ 合理选择育雏季节　春夏季育成、秋季开产的鸡群高峰期产蛋率高、产蛋量多，故选择好育雏季节十分重要。冬季开食的雏鸡，到来年 6～8 月的夏季正好迎来产蛋高峰，高温再加上高湿使产蛋高峰期的鸡群因采食量不足而达不到应有的产蛋率，还会带来蛋重的下降和体重的减轻。

（2）控制饲养环境

① 合理的光照制度　光照对产蛋鸡有刺激性腺机能而促使排卵的作用，增加光照时间能促进产蛋。延长光照时间，应根据 17 周龄的体重和性成熟的程度而定。鸡群体重达到标准的应每周延长光照 15～30min，直至增加到 16h 后恒定不变；达不到标准的不要急于延长光照，可将补光时间往后推迟一周。光照强度掌握在 7.5～10lx 为宜。

② 适宜的温度、湿度　蛋鸡生产的适宜温度为 23～28℃，高温或低温对产蛋的影响较大，如果蛋鸡正处于产蛋高峰，更应注意

环境温度对鸡的影响，做好夏季降温和冬季保温的工作。鸡舍的湿度应保持在 60%～70%。

③ 保持鸡舍内空气清新　产蛋鸡舍内二氧化碳浓度应低于 0.3%，氨气浓度应低于 0.0015%，硫化氢浓度应不超过 0.001%。首先要保持鸡舍的通风设备良好，加强通风换气，在冬季要正确处理好保温和通风的关系，搞好清洁卫生，减少鸡粪在鸡舍内的存留时间。同时，应掌握适当的饲养密度，一般浅笼型鸡笼在每笼饲养 3～4 只鸡的情况下，能较好地发挥鸡的产蛋性能。

④ 防止应激　骚扰、惊吓、免疫、断水等各种应激都会引起蛋鸡产蛋率下降，继而缩短产蛋高峰的持续时间。对此，可在饮水中添加电解多维或加倍添加多种维生素。另外，还应创造安静的饲养环境减少鸡群应激。

（3）加强饲养管理

① 满足蛋鸡营养需要　产蛋高峰期的蛋鸡对营养的要求比较高，应及时调整饲料中的养分比例，供给营养全面、质量高、适口性好的产蛋期配合饲料，掌握代谢能摄入量 1.25～1.42J/（只·日），粗蛋白质摄入量 18～20g/（只·日）。饲料中应适当提高矿物质、维生素的含量，特别要注意颗粒状钙的添加，产蛋鸡饲料中钙的含量为 3.2%～3.5%，有效磷为 0.35%～0.41%，必须掌握"钙用量前低后高，磷用量前高后低"的原则。

② 合理供给饲料　蛋鸡在产蛋高峰期的饲喂应尽量满足高产的需要，让鸡充分采食到优质饲料，要增加喂料次数，以刺激鸡的食欲而促使鸡多采食。但在高峰后期采食量的增加应谨慎，否则超量投料而使营养过剩，会导致脂肪肝、脱肛、产腹腔蛋等的发生。

③ 供给充足清洁饮水　要使鸡群保持良好的产蛋性能，必须持续不断地供给新鲜洁净饮水，鸡的饮水量随气温和产蛋率的上升而增加。蛋鸡若断水 24h，产蛋量下降 30%，补水后 30 天才能恢复生产；若断水 48h，严重时则造成死亡。因此必须保证清洁饮水不间断。

（4）正确进行疫病防治　坚持"预防为主、养防结合、防重于治"的原则，制定严格的卫生防疫制度。开产前进行重要疫病的免疫是保证获得较高产蛋率及维持较长产蛋高峰期的必要措施。根据不同的蛋鸡品种、鸡只的具体情况，在不同日龄使用新城疫疫苗、传支 H120 疫苗、传染性喉气管炎疫苗、慢性呼吸道病灭活疫苗、减蛋综合征灭活疫苗、传染性鼻炎灭活疫苗等进行免疫。鸡开产后，经常使用电解多维。当鸡群受到某种疾病威胁或出现病态必须用药时，应慎重选药，如磺胺类或磺胺增效剂、氨茶碱、金霉素、金刚烷胺等必须禁止使用，这些药物往往会抑制和损伤鸡的生殖系统，导致卵泡发育减慢或停滞，造成不可恢复的产蛋量下降。应做好定期消毒工作，生产区工作人员和周边环境也要严格消毒，垃圾、鸡粪、废弃物要及时清除并作无害化处理，彻底杀灭饲养环境中的病原微生物。实行封闭式饲养，避免外来病源的传入。

2. 产蛋高峰期的技术要点

（1）育雏育成期体形控制技术　体形是衡量后备母鸡饲养好坏的一个重要指标，体形控制的目的在于培育合格的新母鸡，为蛋鸡高产奠定基础。为了使育雏育成鸡体形适时达标，应注意：

① 提供全价饲料，防止营养元素缺乏。

② 适当延长育雏料的使用时间。换料的主要依据是体重，而不能单纯以日龄为标准。育雏后期在体重不超标 10% 的前提下，育雏料可延长使用至 8～10 周龄。

③ 提高育成料的能量水平。蛋鸡体重的增长规律为：

a. 在育雏期 0～8 周龄，主要取决于粗蛋白质和必需氨基酸水平，而育成期则主要取决于日粮的能量水平。为了培育合格后备母鸡，应适当提高育成期饲料的能量水平，以保证小母鸡正常的生长发育。

b. 加强生长监测和调控。育雏育成期至少每 2 周抽测一次体重和胫长，以掌握鸡群的达标情况，及时进行调整饲养。要保证 5 周龄、8 周龄、15 周龄、20 周龄时鸡群体重适时达标。

c. 加强光照管理。光照是影响蛋鸡性成熟的一个重要因素，为了使小母鸡体成熟与性成熟发育同步，必须加强光照管理，原则是育雏育成期特别是育成后期两个月光照时数稳定或逐渐缩短。

d. 适当降低饲养密度。

（2）产蛋期分段饲养技术　目的在于提高产蛋量和蛋重：为了达到这一目的，在饲养管理上要做到产蛋前期"催"，产蛋中期"促"，产蛋后期"控"。

① 产蛋高峰上升期（20～28周龄）　重点是满足蛋鸡的营养需要。首先是满足能量需要和提供适宜的能量蛋白比。能量是产蛋量的主要限制因素，能量不足则蛋鸡不能高产，此期日粮中能量水平不能低于2800kcal/kg（1kcal＝4.1840kJ）。其次是满足蛋白质需要。蛋白质水平高低直接影响蛋重，此期粗蛋白质水平不能低于8%。最后是满足钙的需要。当饲料中碳酸钙含量不足时会影响蛋壳的形成速度，从而影响产蛋，日粮中碳酸钙含量以前期6%、中期7%、后期8%为宜。

② 产蛋高峰期（28～42周龄）　重点是保证饲养环境和管理相对稳定，减少应激发生。一要供给营养平衡的全价饲料，防止营养元素缺乏；二要创造适宜的环境条件，如适宜的温度和湿度、新鲜的空气、合理的光照等；三要保证饮水充足、清洁卫生；四要加强防病。

③ 产蛋高峰后期（42周龄以后）　重点是控制母鸡体重增长速度，防止过肥。应把握两点：一是适时调整日粮配方，降低营养水平；二是及时补钙，可额外添加牡蛎壳颗粒，从米粒至黄豆大小，每周2次，一次每百只500g，于下午捡蛋后撒入料槽中饲喂。

（3）鸡病综合防治技术　搞好鸡病综合防治的目的在于降低死亡率，提高存活率，为鸡群健康提供保障。

① 坚持"以防为主，防治结合"的方针，提高对防疫工作重要性的认识。

② 针对当前鸡病发生特点和流行规律，制定一套切实有效的免疫程序和投药方案，重点控制新城疫、马立克氏病、法氏囊炎、减蛋综合征、传支、慢呼、大肠杆菌病、球虫病等对蛋鸡危害比较严重的疾病。

③ 科学用药。无论预防用药还是治疗用药都应遵循"高效、

经济、安全、方便"的用药原则，并选择适当的药物及剂量、方法、疗程，避免无目的地乱投药物。

④ 加强环境卫生和消毒工作，使防疫工作制度化、程序化、经常化。

（三）稳定高产蛋鸡产蛋率的饲养管理技术

稳定高产蛋鸡产蛋率是饲养产蛋鸡最重要的工作。高产蛋鸡产蛋多，蛋重稳定、均匀，饲料转化率高。

1. 熟悉生产特点

现代培育的高产蛋鸡按产蛋率计算多在 28～32 周龄保持生产高峰，在良好的管理及全价营养的支持下，90％以上产蛋率可以维持到 50 周龄左右。因此，应满足产蛋鸡全价营养，创造适宜环境，避免应激反应，设法延长产蛋高峰时间，减缓产蛋率下降速度，使蛋鸡维持较长的产蛋期。

2. 控制生产环境

蛋鸡进入产蛋高峰期，对环境的变化很敏感。一个较小的环境条件的改变，都会引起产蛋量的突然下降，造成终生难以弥补的损失。主要的环境因素包括：光照、温度、通风、湿度、噪声等。

光照对处于产蛋高峰期的蛋鸡尤为重要。一般要求：达到标准体重、生长日龄及体况的母鸡，光照时长逐渐增加并稳定在每日 16h 后保持不变；另外应做好通风换气与防寒保暖等工作。

3. 保证营养供给

严格按照饲养标准及本品种营养需要量要求，保证最低的营养浓度及饲喂量。一般产蛋鸡代谢能水平大于 12MJ/kg，每日每只蛋鸡采食日粮的代谢能应大于 1.25MJ。特别注意在蛋鸡采食量减少或体况不佳时，都应提高代谢能水平或加入少量的脂肪。蛋鸡产蛋高峰期每日每只粗蛋白质水平在 16.5％以上，并保证每日每只能从日粮中获取 17～19g 的蛋白质。其中蛋氨酸（Met）400mg、赖氨酸（Lys）800mg，维生素 A、维生素 D、维生素 E、维生素 K 和 B 族维生素都要量足且活性高。常量矿物元素钙、磷含量及比例尤为重要，微量元素铜、铁、锌、锰、硒、碘等也要量足且活性高。

①产蛋率在 50% 左右时：玉米 60%，麦麸 6%，地瓜干 7%，豆饼 18%，鱼粉 6%，骨粉 2.6%，食盐 0.3%，蛋氨酸 0.1%，添加剂适量。

②产蛋率在 55%～80% 时：玉米 57%，地瓜干 5.7%，麦麸 3%，豆饼 20%，棉籽饼 2%，花生饼 2%，鱼粉 7%，骨粉 3%，食盐 0.3%，另加添加剂适量。

③产蛋率在 80% 以上时：玉米 52%，高粱 4.7%，麦麸 4%，豆饼 20%，棉籽饼 4%，花生饼 4%，鱼粉 4%，槐叶粉 3.5%，骨粉 3.5%，食盐 0.3%，另加添加剂适量。

4. 抓好饲养管理

（1）控制好环境条件　满足光照时间和光照强度要求，执行日常消毒卫生制度，做好冬季的防寒保暖和夏季的防暑降温工作。在适宜的环境条件下，蛋鸡产蛋最多，饲料消耗最少。

（2）避免应激因素　蛋鸡产蛋高峰期的产蛋峰值高低和时间长短，不仅对当时的产蛋多少有影响，而且与全期产蛋的多少有直接关系。如果产蛋峰值高、持续时间长，则产蛋曲线平台期长，全期产蛋量高；如果产蛋峰值上不去、持续时间短，则产蛋曲线低且平滑，全期产蛋量低；当产蛋高峰期蛋鸡受到较强应激，如疾病、突然性换料、抓鸡、噪声等因素影响，产蛋率会很快下降，且难以短期恢复。因此，应减少应激，避免转群、免疫、驱虫等活动，保持饲料相对稳定，实行定时定人、定质定量的定制管理。

（3）落实消毒防疫制度　对鸡场、鸡舍各个区域、各个环节、各个部位的饲料、饮水、空气、用具、设施等全方位考虑，选择高效低毒、无毒环保的消毒剂，抵御毒害于场外、舍外。

（4）减少破蛋　破蛋率高是影响养鸡业经济效益的一个严重问题，必须采取相应的综合防治措施，才能获得良好的经济效益。

①满足钙、磷的需要　产蛋母鸡对钙的需要量因产蛋率、鸡的年龄、气温、采食量和钙源不同而不同。产蛋鸡日粮中最佳含钙量为 3.2%～3.5%，在高温或产蛋率高的情况下，含钙量可加到

3.6%～3.8%。但由于蛋壳的质量是随鸡的周龄和采食量不同而变化的，所以，应相应地调节日粮中钙的水平。磷的供给也要满足，但切勿过量，否则会对蛋壳产生不良影响。磷的含量以 0.45% 最佳。磷决定了蛋壳的弹性，而钙决定了蛋壳的脆性。

② 满足维生素 D 的需要　维生素 D 能促进钙、磷的代谢，有利于蛋壳形成和提高蛋壳质量。维生素 D（特别是维生素 D_3）缺乏会破坏体内钙的平衡，导致形成蛋壳有缺陷的蛋。

③ 满足锰的需要　锰对蛋壳的形成非常重要。缺锰会引起蛋壳外形与结构的明显变化，产蛋量显著减少，蛋壳变薄容易破碎。正常情况下，饲料中含锰 55mg/kg，可以满足各种鸡的需要，可使蛋壳坚硬，并减少破损率。

④ 保持必需氨基酸的平衡　蛋氨酸能提高血清钙的含量，促进骨钙沉积，提高产蛋量、蛋重和蛋壳质量并降低破损率。

⑤ 添加碳酸氢钠（小苏打）　在炎热季节，鸡的呼吸加快，从而排出多余的体热，同时也使二氧化碳呼出过多，血液中碳酸盐减少。这就使得蛋壳的主要成分——碳酸钙的来源得不到保证，蛋壳质量下降，破损率增加。因此，在日粮中添加 0.5% 的碳酸氢钠，有助于提高蛋壳质量和缓解热应激。

⑥ 按时投料　据研究，延误正常采食 4h，能使 1 天中所产蛋的蛋壳强度减弱，若延误 24h，蛋壳强度减弱可长达 3 天。

⑦ 勤拾蛋　拾蛋不勤，也是破蛋率高的一个原因。有人做了不同间隔时间拾蛋的观察，发现间隔 1h 拾 1 次蛋，破蛋率为 0.2%～0.3%；间隔 2h 拾 1 次蛋，破蛋率上升到 1.0%～1.5%；间隔 4h 拾 1 次蛋，破蛋率高达 2%～3%。

⑧ 其他　改善环境条件、选好鸡笼、及时淘汰老的母鸡、做好防疫保健工作等都可使鸡蛋破损率大大降低。

（四）准确及时淘汰低产鸡

为了提高蛋鸡的产蛋率，增加养鸡户的经济效益，一般在蛋鸡的产蛋高峰后期（300 日龄以后）要淘汰低产蛋鸡，以达到减少成本、提高效益的目的。

1. 生产中通过"十看"可以准确及时地选择淘汰低产鸡

（1）从鸡冠上辨别　高产鸡：鸡冠红大、柔软、细腻有温度，倒向一侧，呈正常红色。低产鸡甚至不产蛋的鸡：鸡冠立起不倒，有白点或白霜，冠薄；如果是马立克氏病，则鸡冠萎缩，没有温度，冠凉；若有紫冠、黑冠的鸡要及时淘汰。

（2）从腿、嘴上辨别（产蛋前黄腿、黄嘴）　褪色越深，产蛋率越高；250～300日龄仍然是黄腿、黄嘴的为低产鸡，甚至为不产蛋鸡。鸡品种是产白壳蛋的高产鸡，腿、嘴为正黄色；鸡品种为产粉壳蛋的高产鸡，腿、嘴为棕黄色。

（3）从羽毛上辨别　羽毛土色、蓬乱、不油亮、不光滑，颈部、背部、胸部有羽毛脱落或掉光的为高产鸡；如带鸡消毒时经常顺毛，则这样的鸡为低产鸡。

（4）从肛门上辨别　肛门括约肌松弛，挤压括约肌周围富有弹性、有湿润感，并立即收缩，流出黏性分泌物，这样的鸡为高产鸡；肛门括约肌缩紧，挤压括约肌周围没有弹性、没有湿润感的为低产鸡。

（5）从采食情况上辨别　饲喂时，高产鸡如饿虎扑食，狼吞虎咽，食欲旺盛，吃时不抬头、不挑食、迅速吃净；挑食不爱吃，甚至将饲料啄成一堆不吃，又浪费饲料的鸡为低产鸡，甚至为不产蛋鸡。

（6）从粪便上辨别　高产鸡粪便成形，小头带白色，夏季喝水多一些，也基本成形，颜色正常；低产及不产蛋的母鸡，粪便细长，干粪便较多。

（7）从耻骨上辨别（摸裆）　高产鸡，耻骨3～4指；低产鸡，耻骨2指，甚至1指。

（8）从腹部上辨别　高产鸡，腹部宽大；低产鸡，腹部窄小，瘦弱，胸骨尖似刀刃。

（9）从鸡叫声上辨别　高产鸡叫声洪亮、整齐均匀，说明蛋鸡大群健康；长期不产蛋的鸡不叫、不放哨，发现异常动物和其他小动物到鸡场，立刻大叫造成大群惊吓，产软壳蛋。

（10）鸡贼的辨别　处理偷吃鸡蛋的鸡，或只会向上层笼啄蛋的鸡，可将其调到上层笼。对伸颈用喙勾蛋的鸡应予以淘汰或将其放入单笼，切断挡蛋笼，让蛋滚到地上（地上可堆一些土，使蛋不损坏）。对不产蛋的鸡还可采用 7 天记数法，第 8 天早 8 点采用摸裆法。

以上 10 条建议一般符合 2 条以上低产蛋鸡情况的就可能为低产蛋鸡。

2. 根据外观和触摸法也可选择淘汰低产鸡或停产鸡

（1）看外观

① 看鸡冠　高产鸡的鸡冠丰满而鲜红，冠上部往往倒向一侧；而低产鸡和停产鸡的鸡冠萎缩，而且颜色发白，呈现淡红色或暗红色，表面附有麦麸样脱落物，有痂。健康低产鸡的鸡冠鲜红而肥厚，高大而直立，个别呈公鸡冠外观。

② 看精神　高产鸡眼睛明亮有精神，反应敏捷，食欲旺盛；而低产鸡或病鸡闭眼，精神沉郁，食欲不振。

③ 看色素　高产鸡的肛门、喙、胫、脚趾的黄色移到了蛋中，所以这些部位的颜色由黄色变为淡黄色或白色；而停产鸡停产后黄色素沉着，胫、喙、脚趾等部位呈现黄色。

④ 看羽毛　高产鸡羽毛比较污暗，颈部、背部羽毛不全，且有折断的羽毛；而停产鸡或低产鸡羽毛丰满、整洁，折断的羽毛少，翅膀上长出新的羽毛。

⑤ 看粪便　高产鸡粪多而松软，含水量大，落地不成形，鸡笼下的粪柱较高。停产鸡或低产鸡粪干燥，呈条状，鸡笼下的粪柱低；有些病鸡拉黄白色或绿色稀粪，肛门周围羽毛污秽，而且在粪便中能看到脱落的羽毛。

⑥ 看鸡爪　正常产蛋鸡的鸡爪都存在着不同程度的磨损；而低产鸡和停产鸡的鸡爪磨损较少。

⑦ 看动作　正常产蛋鸡对外界环境的变化反应比较灵敏，动作灵活，叫声响亮，采食积极且时间较长；而低产鸡和停产鸡精神沉郁，采食时间较短。

（2）通过触摸淘汰低产鸡和停产鸡

① 摸龙骨、耻骨间距　高产鸡耻骨柔软且薄，耻骨间距以及耻骨与龙骨间距较宽，约 6～8cm；而低产鸡和停产鸡耻骨较硬，向内弯曲，间距较小，一般 1～3cm。

② 摸腹部　正常产蛋鸡腹部皮下脂肪少，且柔软而富有弹性；而停产鸡腹部有硬块或有流水样物，有的鸡消瘦，胸肌薄，有的鸡腹部脂肪厚，体重过大。

③ 摸皮肤　正常产蛋鸡的皮肤柔软且透明度高；而低产鸡或停产鸡的皮肤看起来很干燥，有粗硬的感觉，透明度较低且有色素沉着，皮屑较多。

④ 摸肛门　正常产蛋鸡的肛门湿润，在产蛋 10 天后，肛门周围的色素褪去；低产鸡和停产鸡的肛门干燥，在停产后 10 天左右，色素沉着。

（3）做好记录　一般养鸡专业户都有产蛋记录，如果大群产蛋量下降，更应该详细记录。大群产蛋量恢复后，如有个别鸡停产，先记录笼组产蛋率，再通过看、听、摸等找出停产鸡并及时淘汰。

（4）隔离观察治疗　对可疑的或有望治疗好的停产鸡要隔离治疗，观察一段时间，恢复好的鸡只可转入大群饲养，如果确定不能治愈的就及时淘汰，以减少药物和饲料的浪费。

总之，对于低产鸡和停产鸡的淘汰，不能单靠一方面来判断，而要进行综合判断才能准确地挑出并及时淘汰，以降低成本，减少损失，提高经济效益。

（五）产蛋鸡的防暑降温技术

炎热的夏季是鸡群最难过的季节，当舍温超过 30℃时，鸡会出现热应激状态，表现出长时间喘息，饮水量增大，采食量不足，产蛋量下降，蛋重变小，蛋壳变薄，破蛋率增加，抵抗力下降，死亡率增加等。因此，夏季要保持蛋鸡高产，采取合理有效的饲养管理技术非常重要。

1. 改善鸡舍内外环境，加强降温防暑功能

① 设法增强屋顶和墙壁的隔热能力，减少进入舍内的太阳辐

射热。

② 在窗外搭起遮阳网或遮阳棚，防止阳光直接照射鸡群。

③ 舍内每天坚持清除粪便，减少粪便在舍内的产热。

④ 改善通风条件，有条件的鸡场可以采用纵向通风。自然通风的鸡舍应尽可能地加大通风口，如能加大屋顶天窗的面积，效果更佳。

2. 合理加强防暑措施

① 增加鸡舍内的风速能带走鸡体的产热，如果能使舍内风速达到 $1\sim1.5m/s$，就可以减轻鸡的热应激。

② 湿帘＋纵向通风，利用水的蒸发来降温，基本上可以保证鸡群安全地度夏。

③ 让鸡喝上清凉的饮水，温度较低的饮水可以减轻鸡的热应激。可以利用清凉的地下水，应该在 $2h$ 左右在水管的末端放一次水，使水管内的水温较低。

④ 可在鸡舍屋顶安装隔热层或刷白漆，涂抹白灰，可避免日光直射屋顶，以降低阳光照射强度，减少热能吸收。

⑤ 搞好鸡舍周围的环境绿化既可减少辐射热，又可吸收二氧化碳，降低尘埃密度，净化舍内外空气。在距鸡舍阳面 $2\sim3m$ 处种植高大树木或搭凉棚，可增大鸡舍的遮阴面；舍外种植藤蔓类植物，在不影响正常通风的前提下，让其攀缘在舍顶，遮阴降温；地面种植草皮，可减少辐射热。

3. 改善鸡群体况

① 改变饲喂时间，增加饲喂次数，以增加鸡的采食量。每天喂 5 次，11:00 之前喂 3 次，15:00 之后喂 2 次。在 4:00～5:00 开灯后 $10\sim15min$，上第一次料，17:00～18:00 供最后一次料，13:00～15:00 停止喂料，以尽量减少鸡的活动。

② 适当降低鸡群密度，可降低舍温，改善采食、饮水时的拥挤情况。笼养蛋鸡以每只 $0.4m^2$、每笼 3 只为宜；平养蛋鸡以每平方米 3～5 只、每群 250 只为宜。

③ 酷暑期间，鸡的采食量少，为了满足鸡体对能量和蛋白质

等的营养需要，应该增加饲料的营养浓度。可在饲料中添加吸收利用率高的油脂，单单提高饲料中蛋白质的方法是不利于防暑的，过多的蛋白质、多余的氨基酸在转换成能量时，会增加鸡体的产热，正确的方法不是提高粗蛋白质的含量而是提高蛋白质的质量，通过添加蛋氨酸和赖氨酸来提高蛋白质的利用率。

4. 用药物提高鸡群抗热应激的能力

维生素 C 是防暑降温的最好药物，添加维生素 C 10mg/kg；添加 0.2%的碳酸氢钠；添加抗生素或使用益生素。

六、提高蛋鸡场经济效益的措施

提高效益要从市场分析、挖掘内部潜力、降低生产成本等方面着手，从生产适销对路的产品，提高资金利用效率、劳动生产率、产品产量与质量，降低饲料费用等方面考虑。

（一）高效的经营管理

高效管理，是企业管理的最核心问题，也是最难做到、最难做好的事情。"时间就是金钱，效率就是生命"。

1. 趋势管理

领导者一定要设定一个使全体员工为之奋斗的目标，"宣贯"到每个人的思想中并展现在每个人的行为上，流淌在工作中的每时每刻。人只有做自己认为有意义的事情，才能全力以赴，才会产生忠诚。忠诚的人是忠诚于自己的"理想"，而不是忠诚于某个人。管理就是领导为员工搭建一个梦想舞台让员工实现自己的理想，同时成就领导的事业。

2. 表格管理

表格管理是通过表格的设计制作和传递处理，来控制经营活动的一种方法。表格管理要以"实用、简单、准确、经济、有效"为原则，管理者通过检查、阅读各种工作报表来掌握并督促下属的工作，通过阅读、分析营业报表来了解并控制企业的经营活动。

3. 数字管理

数字管理是通过对禽业生产数字关系的研究，利用数字关系进行管理的方法，它不仅要有定性的要求，而且必须要有数字分析，无论是质量标准，还是资金运作、物资管理以及人员组织，均应有数字标准。数字管理具有准确可靠、经济实用、能够反映本质等优点。

4. 制度管理

制度管理要注意三个问题：在制定制度时，必须要有科学严谨的态度；在执行制度时，要做到有制度必遵，违反制度必究，制度面前人人平等，不搞功过相抵、下不为例；在处理违章时，要有严格的程序，要以事实为依据，以制度为准绳，注意处罚的准确性。

5. 现场管理

现场管理是通过深入生产第一线，了解第一手情况，及时发现和处理各种疑难问题，纠正偏差，协调各方面关系。同时也可以及时和下属沟通思想，联络感情，实施现场激励，并发现人才。

6. 情感管理

情感管理就是对人的需求、动机和行为进行引导管理，是通过对员工的思想、情绪、爱好、愿望、需求进行了解并给予认同和必要的满足，来实现预期目标的方法。

总之，高效之道在于效率高、效果好。高效工作要有高效状态，但一切的前提都是拥有高效的工作法则。

（二）科学的养鸡技术

1. 常见的可选择的养鸡方法

（1）塑料大棚养鸡　塑料大棚养鸡是一种投资较少，而收益却较高的养鸡方法，非常值得在初次饲养和经济条件不太好的养鸡户中推广应用。这种养鸡方法的优点是取材比较方便，可用普通的农用薄膜作为塑料大棚鸡舍的主材料，同时利用竹子和草帘等材料。这些材料比较容易获得，随需随建，而且搭建简便，省时省工，能达到农牧结合的效果。而且养鸡也可以肥田，同时能减少对环境的污染。此外由于塑料大棚又具有透明的特点，可以受到太阳光的照射，有利于提高鸡的成活率。

（2）利用山地等天然的地域养鸡　我国很多地区都有草地、林地以及荒滩等天然的青饲料地域，这些地域同时也存在着很多的昆虫等动物性饲料，这对于放养鸡是非常有利的。山地养鸡法具有隔离条件较好的优点，可减少鸡类疾病的发生，使其成活率较高，同时投资较少。这种养鸡法既降低了饲养的成本，也使养出的鸡风味独特、味道鲜美，受到广大消费者的欢迎。

（3）笼养法　鸡笼又可分为育雏鸡笼、育成鸡笼和产蛋鸡笼三种。笼养法具有饲养密度较高的特点，其饲养条件更加便于进行人工的控制，可保证蛋鸡的产蛋率，同时也可保证蛋鸡良好的生长速度。相比较而言，这种养鸡方法的耗料较少，节省了空间和垫料等。

2. 科学养鸡的前期准备

（1）要制订好养鸡场的生产计划　首先要根据养鸡场的规模和性质作出详细的生产计划。切实可行的年度生产计划有利于各项养鸡工作的统筹安排，包括制订鸡群的周转计划、产蛋计划，还包括饲料的生产和供应计划等。在制订计划时，要分别记录能够生产的和需要购入的饲料种类与数量等数据，同时要注意计划的制订应适应季节的变化。此外，还要制订好产品的销售计划、卫生防疫计划和用工计划，各种日常的消耗也应该列入计划之内。

（2）养鸡品种的选择　选择饲养的品种要依照市场的需求而定。在选购雏鸡时应该去科学技术和管理水平都较高的种鸡场进行选购，这样雏鸡疾病较少，也可节省原料，此外还有良好的售后服务。

（3）鸡的饲料选择与饲养管理　要选择质优价适的饲料进行饲喂，在进行鸡饲料的选择时，要严格按照鸡的不同生长和发育阶段来选择或者配制合适的饲料，小鸡阶段可选用全价的颗粒饲料。在使用饲料时要注意饲料的颜色和气味等性状。在鸡的饲养过程中，育好雏鸡是尤为关键的环节。要对育雏舍和用具进行彻底的消毒，同时严格控制舍内的温度，具体视季节的变化而定，在鸡第一次饮水时可加少许的葡萄糖。最后也要注意养鸡环境的卫生和通风换气方法等。

(三) 科学养鸡技术的提高方法与措施

1. 强化科学养鸡意识，不断提升养鸡技术

首先要贯彻"预防为主"的饲养方针，懂得科学管理和疫病防治的基础知识，其中包括饲养密度、通风、光照时间、鸡饲料的配制、疫病免疫程序的制定等几个方面。除了要有科学的指导，还要加强学习，阅读科学养殖及养殖信息等方面的书刊和报纸等，将所学的理论知识运用到生产实践中，进而不断地摸索和总结，最终提高养殖的技能。

2. 搞好饲养环境的卫生，提高成鸡的质量

要搞好养鸡的环境和鸡舍的卫生，做到定期清扫和定时清除鸡粪，对鸡舍也要进行严格的消毒，尽量降低鸡舍内的氨气以及二氧化碳等有毒气体的浓度。进鸡前可用药物喷洒消毒，减少鸡舍污染造成疫病发生的可能。此外还要做好防寒保暖及防暑降温工作。

3. 预防鸡类疾病，做好日常保健工作

平时多注意观察鸡群的生产状况，并做好鸡群的采食、饮水、粪便、鸡的各种状态等的记录，通过对记录的分析和整理，及时发现问题并采取相应的措施。对于危害较大的疫病，应根据疫病的发展情况，对其他鸡群采用有效的疫苗进行防疫注射。

(四) 适宜的规模和目标群销售

1. 选择适宜的蛋鸡养殖规模

① 团队管理。建立班子，分解目标，成立部门，准备启动。

② 蛋鸡品种。现代蛋鸡遗传育种的特性是高产、适合笼养、在高密度饲养条件下抗病力强、蛋壳质量优良。要使高产品种的特性能够得到充分发挥，必须对饲养、疫病防控、饲料营养等方面做到细化管理。在我国，海兰褐蛋鸡的料蛋比在（2.2～2.3）：1，高峰期产蛋率 $92\%～94\%$。比较而言，海兰褐蛋鸡是比较适合的饲养品种。

③ 防治体系。疾病的预防和治疗应建立在科学严谨的管理措施之上，运用"防重于治"的生产观念，"早发现、早识别、早治

疗"，结合建场选址标准、流通环节控制、防疫接种、疾病监测及治疗等方面考虑，科学权衡管理措施，才能为鸡群饲养打下良好的基础。

④ 饲养管理。目标是育雏成活率、育成合格率和成鸡产蛋率"三高"。

⑤ 科学的饲料供给保证。

2. 寻找目标客户群销售

① 研究目标客户群的消费习惯、心理以及消费前兆。

② 客户在进行该消费前会进行的其他相关活动。

③ 找出与客户进行消费前期活动相关的渠道。

④ 了解该渠道，找出能提供资料的人。

⑤ 与能提供资料的人沟通，建立长期合作关系。

（五）提高资金使用效率和劳动生产率

提高资金使用效率，要完善财务预算体系，结合生产计划，做好资金的调配，使资金的流入、流出、周转在时间上、金额上的规划和安排协调一致；加强采购、生产、库存资金的管理使用；严把采购关，要货比三家；加强生产资金管理，减少材料的损耗和浪费现象；加强库存资金管理，定期清仓查库；缩短生产周期，提高资金的周转率。

提高蛋鸡生产率，关键在于饲养规模与资源（人员）的配置关系。商品的价值由其社会必要劳动时间决定。如果降低个别劳动时间，即相应地提高个别劳动生产率，就能够提高企业的商品价值总量，在单位时间内就能生产出更多商品。

（六）提高产品质量，减少饲料支出

（1）选用良种鸡　选用体重小、饲料利用率高的品种；同一品种以中等体重为宜。若产蛋量相同，体重大的鸡比体重小的耗料多。

（2）断喙　在雏鸡 6～9 日龄时断喙，不仅可防止发生啄癖，而且在生长期每只鸡每天可节省饲料 3.5g，产蛋期每只鸡每天节

省饲料 5.5g，平均每枚蛋节省饲料 12g。

（3）实行笼养 笼养因环境稳定、鸡只活动量小、饲料密度大，减少了散热量，鸡吃料相应减少。据测算，笼养比散养节省饲料 20%～30%。

（4）实行保护喂养 最适宜鸡产蛋的舍温为 13～21℃。冬季如舍温低于 8℃，每 100 只鸡每天要多吃饲料 1.5kg，而且产蛋率下降；夏季鸡采食量减少，但产蛋率也下降。因此，夏季要注意防暑降温，冬季则要保暖升温。据试验，冬季适当提高鸡舍温度，每只鸡每天可以节省 3.1g 粗蛋白质。

（5）把好饲料关 不喂发霉变质饲料，保证饲料营养全面。饲料中营养不全面是最大的浪费。饲料粉碎不宜过细，否则不利于采食且会因"料尘"飞扬而浪费。

（6）按季节配料 鸡群在冬季消耗热量多，应适当增加能量饲料的比例（占饲料总量的 65%～70%）；夏季适当减少能量饲料的比例。

（7）使用替代料 蛋白质饲料尤其是鱼粉的价格较高，利用廉价的昆虫、蚯蚓、小鱼虾、肉类加工副产品、鱼下脚料、粉渣、糖渣、豆腐渣、酒糟等，经加工调制后替代部分蛋白质饲料喂鸡，可大大降低饲料成本。

（8）使用饲料添加剂 可提高蛋白质饲料的利用率，有利于降低饲料成本。据报道，在饲料中添加 0.1% 的蛋氨酸，可使饲料蛋白质的利用率提高 2%～3%；添加 0.1% 的赖氨酸，可减少饲料蛋白质用量 3%～4%；添加维生素 B_{12} 和喹乙醇等添加剂，也能提高饲料蛋白质的利用率。在每吨鸡饲料中添加 50g 维生素 C，可使产蛋率提高 10% 以上，节省饲料 15% 以上。

（9）添喂沙砾 每周补喂一次沙砾，有助于蛋鸡肌胃中饲料的研磨，使饲料消化率提高 3%～8%。

（10）改进料槽结构 料槽应该是底尖、肚大、口小，这样的料槽容料多，鸡不容易把饲料啄出来。料槽高度以鸡能自由采食为准则。料槽添料量不宜过满，宜为 1/3 槽高，否则易抛撒造成浪费：饲料添加到料槽的 2/3 时，饲料浪费 12%；添加到 1/2 时，浪费 5%；添加到 1/3 时，浪费 2%。

（11）保证充足的饮水　鸡每产 1 枚蛋需消耗 340mL 水；若产蛋期缺水，可使产蛋量下降 30%。

（12）及时淘汰公鸡　公鸡要比母鸡多吃 20%～25% 的饲料，对多余的公鸡应及时淘汰；饲养种鸡保持公母比例为 1∶15，商品蛋鸡保持 1∶20。

（13）淘汰低产母鸡　鸡群中常有 10%～30% 的低产母鸡，把低产母鸡淘汰掉，鸡群产蛋量不会显著减少，却可以大大节省饲料。

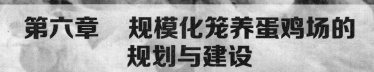

第六章 规模化笼养蛋鸡场的规划与建设

在建设规模化蛋鸡养殖场时，由于受自然、社会等条件的限制，蛋鸡场的位置选择及场内分区布局不合理，将给防疫安全造成隐患。为加快蛋鸡饲养方式的转变，提高蛋鸡养殖标准化发展，需要以"生产高效、资源节约、质量安全、环境友好"为基本目标建设蛋鸡场。本任务的完成需要养殖户在了解选择场址的基本要求上，合理分区及布局，最后进行鸡场建设。

第一节 场址的选择与布局

场址选择时推行"生产区、辅助生产区、排污区、行管区、生活区"有效隔离的布局，同时生产区应改变"大、全、齐"的观念，采用"分点式"或"单一式"生产。场址选择时还要考虑建场的任务、生产需要、国家养禽生产总体规划及地方资源等情况。所以在决定场址前，有必要做好自然条件和社会条件的调查研究。

一、场址的选择

（一）自然条件

1. 地势

养鸡场应建在地势高燥、排水良好、背风向阳、空气流通的山坡上，鸡舍朝向最好为坐北朝南。地形地势：地形指场地形状、大小情况，要求开阔整齐，边角不宜过多；地势是指场地的高低起伏状况，要求地势高燥、排水良好。平原地区建场时，应选择在比周围地段稍高的地方，以利于排水；山区建场应选在缓坡上，坡面向阳，鸡场总坡度不超过 25%，建筑区坡度应在 2%～3%；在靠近河流、湖泊的地区，场地要选择在较高的地方，应比当地水文资料中最高水位高 1～2m，离河流或湖泊 1000m 以上，严禁向河流或湖泊排放污水，同时需考虑养鸡场的污水排量应与附近的田地及果园对污物的处理能力相匹配。

2. 水源水质

① 要求水量丰富（丰水季、枯水季），包括场内人员用水、鸡群饮用水和饲养管理用水、消防用水等，同时应考虑河流、湖泊流量，地下水的初见水位和最高水位，含水层厚度和流向。

② 要求水质良好、清洁，不含寄生虫卵及矿物毒物，在选择地下水作水源时，要调查是否因水质不良而出现过某些地方性疾病。水质包括酸碱度、硬度、透明度、有无污染源和有害化学物质等方面，应做水质的物理、化学和生物污染等方面的化验分析。

③ 水源要容易保护。

3. 地质资料

如有无断层、陷落、塌方及地下泥沼地层。同时应考虑土壤情况，要求土壤透水透气性强、毛细管作用弱、吸湿性和导热性弱、质地均匀、抗压性强。沙土及沙石土透水透气性好，易干燥，受有机物污染后自净能力强，场区空气卫生状况好，抗压能力一般较强，但其热容量大，昼夜温差大。黏土透水透气性差，易潮湿而滋生各种微生物、寄生虫及蚊蝇等，受有机物污染后降解速度慢，不易消除，抗压性能差，易冻胀。沙壤土和壤土特性介于沙土和黏土之间，是理想的养鸡场建设用地。

4. 气候资料

气候资料包括平均气温，绝对最高、最低气温，土壤冻结深度，降水量与积雪深度，最大风力，常年主导风向，日照情况等。

（二）社会条件

1. 三通条件

供水、供电、道路"三通"。要求水量丰富，水质良好；电供应或储备充足；交通既要方便，又要使养鸡场与交通干线保持适当的距离。一般养鸡场距离国道和铁路的距离不少于500m，距离省级道路不少于300m，距地方公路不少于50m。

2. 周密调查研究当地疫情

特别要注意兽医站、畜牧场、集贸市场、屠宰加工场距拟建蛋鸡场的距离，有无自然隔离条件等，防止给本场防疫工作带来危害，同时考虑本场疫病情况是否会给公共安全体系带来危害。

3. 家禽品种保护区

国家级家禽品种和地方资源家禽品种保护区内严禁建养鸡场。

4. 其他条件

确定养鸡场位置的其他条件：是否有利于公共安全体系的建立，是否有利于养鸡场生物安全体系的建立，是否有利于生活的便利和社会联系，是否有利于产品销售，是否有利于周围环境保护问题。养鸡场应尽量利用无农耕价值的地段，节约土地资源。

（三）蛋鸡场位置确定

蛋鸡养殖场选址应符合当地用地规划及畜牧法的规定。蛋鸡养殖场选址应符合当地土地利用发展和村镇建设发展计划要求，距离主要交通干线和居民区1000m以上，养鸡场的位置应选在居民点下风处，地势要低于居民点，但要离开居民点污水排放口，更不应选在化工厂、屠宰场、制革厂等容易造成污染的企业的下风处或附近。

《中华人民共和国畜牧法》第四十条规定：禁止在下列区域内建设畜禽养殖场、养殖小区。

① 生活饮用水的水源保护区、风景名胜区，以及自然保护区的核心区和缓冲区。

② 城镇居民区、文化教育科学研究区等人口集中区域。

③ 新建、改建、扩建的畜禽养殖场选址应避开禁建区域，在禁建区域附近建设的，应设在规定的禁建区域常年主导风向的下风向和侧风向处，场界与禁建区边界的最小距离不得小于 500m。

（四）场地面积

笼养蛋鸡 1 万～5 万只，场区宽需 20～50m，长需 80～150m。场区设置生产区、辅助生产区、排污区、行管区、生活区，区与区之间严格分开。生产区与生活区、经营区之间设置严格的隔离设施，包括隔离栏、车辆消毒房、人员更衣及消毒房等；生活区与经营区之间设 10m 宽的绿色隔离带；生产区内净道、污道分开，两道分别设置在鸡舍的工作间和排风口两侧；鸡舍东西向排列，鸡舍间距及鸡舍与围墙（栏）距离不少于 8m；死淘鸡焚烧炉设在生产区污道一侧，贮料罐建在净道一侧；鸡场大门设在靠近行管区办公室最近围墙处，附建门卫室和消毒房、消毒池。在确定蛋鸡场面积时要本着"节约用地、少占农田"的原则，尽量利用农耕价值小的地方。鸡场规模与占地面积参考表 6-1。

表 6-1　鸡场规模与占地面积

饲养规模/万只	1	2	3	4
占地面积/m²	4000～7000	6000～9000	9000～14000	20000～30000

二、场地的规划和鸡舍的布局

鸡场的布局是指总的平面布局，包括各种房舍的分区规划、道路、绿化、供水供电管线及场内卫生防疫环境设施的安排，其中最主要的是做好各种建筑平面相对位置的确定，包括各种房舍分区规划、道路规划、绿化的布置、供水排水和供电等管线的线路布置以及场内卫生防疫环境保护设施的安排。合理的总平面布置可以节省土地面积和建场投资，给管理工作带来方便的条件；否则，生产流程混乱，道路迂回逆转，不仅浪费了土地和资金，还给日后工作造成很多不便。因此，鸡场的环境规划和总平面布置是一项十分重要的工作，要综合分析研究各种因素给以科学的安排布置。切勿只注意鸡舍建筑的单体设计而忽视总体环境规划的设计。

（一）鸡场建筑物的种类

按建筑设施的用途，鸡场建筑共分为五类：行政管理用房，包括行政办公室、接待室、会议室、图书资料室、财务室、值班门卫室以及配电、水泵、锅炉、车库、机修等用房；职工生活用房，包括食堂、宿舍、医务室、浴室等房舍；生产性用房，包括各种鸡舍、孵化室等；生产辅助用房，包括饲料库、蛋库、兽医室、消毒更衣室等；间接生产性用房，如粪污处理设施等。以上为一般必需的房舍建筑，根据生产任务、规模不同还有其他房舍，如大型工厂化养鸡场需设病鸡剖检、化验室和生产统计室等房舍，根据工作性质分别列入相应的用房类型之内。

（二）分区规划

1. 分区规划的原则

养鸡场各种房舍和设施的分区规划，主要从有利于防疫和安全生产出发，根据地势和风向处理好养鸡场内各类建筑的安排问题，即就地势的高低、水流方向和主导风向，将各种房舍和建筑设施按其环境卫生条件的需要次序给予排列。首先考虑人的工作和生活集中场所的环境保护，使其尽量不受饲料粉尘、粪便气味和其他废弃物的污染；其次需要注意生产鸡群的防疫卫生，尽量杜绝污染源对生产鸡群环境的污染。地势与风向根据防疫环境条件的要求，则按人、禽、污的排列顺序排列各房舍，当地势与风向在方向上不一致时，则以风向为主。对因地势造成的地面径流，可用沟渠改变流水方向，避免污染应受保护的鸡舍；或者利用侧风向避开主风向，将需要重点保护的房舍建在"安全角"的方向，免受上风向空气污染。根据拟建场区土地条件和可能性，也可用林带相隔，拉开距离，将空气自然净化。对人员流动方向的改变，可筑墙阻隔。总之，养鸡场分区规划应注意的原则是：人、禽、污，以人为先、污为后的顺序排列；风与水，则以风为主的顺序排列。

2. 各种房舍的分区规划

根据功能区划的不同，鸡场场区可分为生产管理区（职工生活区、行政管理区）、辅助生产区、生产区（鸡群饲养区）、隔离和粪污处理区（病鸡和粪便污水处理区），见图 6-1。通常将职工生活区和行政管理区统称为场前区。鸡场的分区规划要因地制宜，根据拟建场区的自然条件——地势地形、主导风向和交通道路的具体情况进行，不能生搬硬套采用别场的图纸，尤其是鸡场的总体平面布置图更不能随便引用。

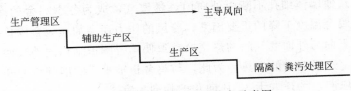

图 6-1　鸡场内分区规划分布示意图

（三）鸡舍朝向和间距

鸡舍朝向和间距是鸡场总平面布置的一项重要内容，它们关系着鸡场占地面积，与防疫、排污、防火的关系也很大，需要很好地考虑和研究。鸡舍朝向的选择与鸡舍采光、保温和通风等环境效果有关，主要是对太阳光、热和主导风向的利用。阳光可以影响光照，太阳辐射影响鸡舍内环境温度，主导风向对鸡场的排污、鸡舍内的通风换气效果以及鸡舍内温度等均有影响。鸡舍的间距应从防疫、排污、防火和节省占地面积等四方面的要求予以确定。

1. 影响鸡舍朝向的五个因素

（1）光照　太阳光是很好的自然光源，是促进雏鸡正常生长、发育和产蛋鸡产蛋等必不可少的环境因素。阳光中的紫外线有很好的杀菌消毒作用，是净化场区环境的有效"杀菌剂"，可以充分利用。我国各地太阳高度因季节和地理纬度不同而有差异，各地对房舍的朝向也因自然因素和风俗习惯等原因各有不同。但由于我国处于北半球，鸡舍方位朝南，冬季日光斜射，可以利用太阳辐射的温度效能和射入鸡舍内的光束，以利于鸡舍的保温；夏季日光直射，太阳高度角大，因此射入鸡舍的直射光并不多。故我国大部分地区选择南向的方位较多是符合科学道理的。采用自然光照，光照强度偏大，高出鸡舍所需的强度（10～25lx）十几倍到几十倍，往往造成光害——啄癖，需要注意遮光，如加长出檐、窗面涂暗等。

（2）太阳辐射　太阳辐射热总量随地理位置、季节和朝向的不同而变化，冬季需要利用，夏季则需避开，各地应依据当地的冬、夏季太阳辐射热总量对鸡舍的利害影响来选择鸡舍朝向。

（3）冷风渗透　由于冬季主导风向对鸡舍迎风面所造成的压力，致使墙体细孔不断由外向内渗透寒气，成为冬季鸡舍的冷源，这是鸡舍温度下降的重要因素。冷风的压力还会加速鸡舍围护结构的外表面与外面空气间的热交换，致使鸡舍围护结构内外表面温差加大，造成鸡舍的失热。为此，与鸡舍长轴平行的墙壁应避开冬季主导风向，选择大于45°风向角的朝向为宜。

（4）通风效果　自然通风条件下，鸡舍的朝向与通风效果有密切关系，鸡舍需要借助自然气流来进行通风换气。因此，气流的均匀性和通风量的大小，主要看进入鸡舍的风向角度。如风向角为0°，从窗口而入的气流则以最短路线流向对面的窗子，两侧墙壁相对的开口（窗子或风洞）形成"穿堂风"；而窗间墙的区域则没有气流，形成无风带或滞流区。如果改变鸡舍的方位（朝向），使鸡舍与主导风向有些角度，则鸡舍内气流的均匀性加强，滞流区相应缩小。当风向角为45°时，滞流区最小，通风效果最佳；当风向角为90°时，即鸡舍与主导风向平行，两面墙壁风压系数相等，失去了由风压造成的通风动力差，故此时通风效果最差，通风量等于零。但是，如果在迎风面的山墙上开一个孔洞（气窗），可在鸡舍内形成少量短浅的纵向气流，气流流向鸡舍两面墙壁的开口或窗子。

（5）场区排污　鸡舍的朝向与场区排污的效果也有关系，45°角、0°角和90°角均不理想。从场区排污效果要求出发，鸡舍朝向应取与常年主导风向成30°～60°角，避免0°的风向入射角。

鸡舍的适宜朝向，要根据各个地区的太阳辐射和主导风向两个主要因素加以选择确定,如北京地区以西南向为宜,广州、上海两个地区以南稍偏东为最好。广州等炎热地区为避免夏季西晒,宜避免东西朝向。除此之外,还应注意所在地区的特殊情况,特有的地形、地貌都会形成不同的自然因素,在确定鸡舍朝向时,还应加以调整校正。

2. 决定鸡舍间距的四要素

(1) 防疫要求 鸡群以鸡舍分群,鸡舍是鸡群防疫隔离的单位。因此,应尽量杜绝或减少鸡舍之间的相互感染。鸡舍借通风系统经常地排出污秽气体和水汽,这些气体和水汽中夹杂着饲料粉尘和微粒,如某鸡舍中的鸡群发生了疫情,病原菌常常通过排出的微小粒子而被携带出去,威胁着相邻的鸡群。为了防疫,鸡舍排出的污气尘埃等微小粒子,不能进入相邻鸡舍。为此,从卫生防疫要求确定鸡舍间距时,应取最为不利时所需的间距数值,即当风向与鸡舍长轴垂直时背风面涡旋范围最大的间距。同济大学烟风洞剖面模型的试验结果表明,背风涡旋区长度与鸡舍高度(H)之比为 5∶1。因此,开放型鸡舍间距应为 $5H$。当主导风向入射角为 $30°\sim60°$时,涡旋长度约缩小到 $3H$,此时对开放型鸡舍的防疫、通风更有利。对封闭型鸡舍、横向通风鸡舍多采用相邻鸡舍相向排气和进气,故影响不大,$3H$ 的间距即可满足卫生防疫的要求。纵向通风鸡舍风机全部安装在一侧山墙上,利用污道而不是鸡舍间的空地作为排风区,因而可以取消鸡舍间隔,建成连栋鸡舍。

(2) 排污要求 为了改善鸡场的环境,有效地排除各幢鸡舍排入场区的氨、二氧化碳、硫化氢等鸡体代谢和粪污发酵腐败所产生的污秽气体以及粉尘、毛屑等有害物质,鸡舍的间距大小,要考虑场区的排污效果。开放型鸡舍场区排污需要借助于自然通风,要利用主导风向与鸡舍长轴所形成的角度,适当缩小鸡舍间距。同济大学所做的鸡舍模型烟风洞试验结果表明,当风向角为 $30°\sim60°$时,背风面的涡旋区较小,此时用 $1.3\sim1.5H$ 的鸡舍间距,鸡舍建筑群内仍会获得比较好的排污效果。因此,合理地组织场区通风,使鸡舍长轴与主导风向形成一定的角度，是可以以较小的鸡舍间距达到较好的排污效果的。整场或小区全进全出的相邻鸡舍，间距可以很小，甚至可以建成连栋鸡舍。

（3）防火要求 消除隐患，防止事故发生是安全生产的保证。鸡场的防火问题，除了确定建筑材料的抗燃性能外，确定建筑物的防火间距也是一项主要的防火措施。鸡舍的防火间距可以参照民用建筑的防火间距确定，民用建筑的最大防火间距是 12m，鸡舍多为砖混结构，无须采取最大防火间距，多采用 10m 左右的间距，相当于 $2\sim3H$。一般能够满足防疫要求的间距，也可满足防火等其他间距的要求。

（4）节约用地 鸡舍间距还要考虑经济利用土地的问题，不能只注意防疫、排污、防火的问题而忽略占地多少，单纯强调防疫而一味追求扩大间距是不适宜的，特别是在农区和城郊建场，更要节约用地。进行养鸡场总体布置时，需要根据当地土地资源及其利用情况，参照拟建鸡场的任务特点给以确定。对建场占地，国家应有限额标准，如规定场地面积与建筑面积的比值、建筑面积中生产与其他房舍面积的比值、鸡舍面积与辅助面积的比值，规定鸡场场地单位面积产蛋量、产肉量，以及按土地肥瘠、沙荒程度等对上述三项比值的规定。所有这些数值，均有待于农业建筑环境工作者就我国的特点做好调查总结，科学论证，使防疫与占地符合科学规律。与确定鸡舍间距有关的还有日照等因素。日照所需间距主要考虑相邻鸡舍的日照遮阴问题，按民用建筑的日照间距要求即可，应为 $1.5\sim2H$。

综上所述，鸡舍间距的大小，因要求不同，与鸡舍高度的比值各有不同：排污间距为 $2H$；防火间距为 $2\sim3H$；日照间距为 $1.5\sim2H$；防疫间距视鸡舍形式的不同而有差别，为 $3\sim5H$。综合几种因素的要求，取 $3\sim5H$ 的间距，即可满足各方面的要求。

现代蛋鸡养殖关键技术精解

（四）养鸡场道路

道路是总体布置的一个组成部分，是场区建筑物之间、建筑物与建筑设施、场内与场外联系的纽带，对组织生产活动的正常进行和卫生防疫以及提高工作效率起着重要作用。道路的主要功能是为人员流动，饲料、产品和鸡场废弃物的运输提供便捷的线路。因此，需要合理地布置和设计。

1. 分道布置

为了保护场区环境卫生和防止污染，场内道路应该净、污分道，互不交叉，出入口分开。净道是饲料和产品的运输通道，污道为运输粪便、死鸡、淘汰鸡以及废弃设备的专用道。为了保证净道不受污染，在布置道路时可按梳状布置，道路末端只通鸡舍，不再延伸，更不可以与污道贯通。净道和污道以草坪、池塘、沟渠或者是果木林带相隔。与场外相通的道路，至场内的道路末端终止在蛋库、料库及排污区的有关建筑物或建筑设施，绝不能直接与生产区道路相通。

2. 道路的纵、横断面

道路的纵断面是指道路中心线纵向所作的截面。纵断面的设计包括路的标高和纵向坡度。道路标高必须与附近道路各交叉口及道路规定的建筑线的标高、重要的地上地下建筑物的标高、道路的标高及竖向布置相配合。道路的纵向坡度与当地的地形特征有很大关系。平原地区自然地形坡度平缓，道路的纵向坡度与自然地面坡度易于接近，因此土方量小。山区、丘陵须选用较大的纵向坡度，对车辆行驶不利，主要行车道路的最大纵向坡度不可大于 6%～7%，一般道路的纵向坡度为 8%～10%。为满足道路的标高和纵向坡度的要求，需要借助于土石方工程，纵断面的设计既要使运输方便，有利于车辆行驶，也要注意节约土石方工程量。

道路的横断面是指垂直于道路中心线所作的截面。道路的横断面可以反映出道路的宽度和地上地下各种设施的位置。养鸡场道路的宽度要考虑鸡场的人员和车辆运输与流量，主要着重于行车道。人行道和行车道的人车流量小，不宜宽大。

横坡基本上采用两种形式：凸形横断面是从路中心向道路两侧倾斜，雨水能迅速流向两旁，从明沟或暗管排除；单向倾斜横断面，从路一侧排水，这样可以节省土方和排水系统的建筑费用。道路横向坡度见表 6-2。

表 6-2 道路横向坡度

路种	路面结构	横坡度／%
车行道	水泥混凝土	1.0～1.5
	沥青混凝土	1.5～2.5
	沥青碎石或表面处理	2.0～2.5
	修整块石	2.0～3.0
人行道	砖石铺砌	1.5～2.5
	碎石、砾石	2.0～3.0
	沙土	3.0
	沥青面层	1.5～2.0

注：路面要求平整，做成硬地面。

3. 转弯半径和回车场

道路转弯半径视行车种类而定，一般吉普、三轮货车、小型货车（工具车）的转弯半径为 6m，中型货车（二轴载重）的转弯半径为 9m，大型货车（三轴载重）和大型客车的转弯半径为 12m。回车场是为满足汽车调头的要求而设置的场地，养鸡场的道路多为末端封闭，需要在道路的尽头设置回车的场地。如果受土地面积限制，无条件设置回车场，可以利用道路与鸡舍间的空地，按道路要求砌成硬地面，作为回车所需的场地。

（五）养鸡场绿化

养鸡场的绿化是养鸡场廉价长效的多功能环境净化系统。绿化是畜牧企业文明生产的标志，它不仅可以美化环境、改善鸡场的自然面貌，而且对保护鸡场的环境、促进安全生产、提高生产经济效益有着明显的作用。绿化与果木、蔬菜、牧草结合，可以直接提供产品为鸡场增加收入。一般在总平面设计中，将植物的作用与鸡场生产功能结合考虑，合理种植，使绿化对鸡场生产起促进作用。

第二节　蛋鸡场建筑设计

一、蛋鸡舍建筑的类型

1. 封闭型

封闭型蛋鸡舍又称无窗蛋鸡舍或密闭式蛋鸡舍。蛋鸡舍四壁无窗，隔绝自然光源，采用人工光照、机械通风。这种蛋鸡舍的通风、光照均需要用电，为耗能型的蛋鸡舍建筑，因此蛋鸡舍功能效果的发挥对电的依赖性较大。性能良好的封闭型蛋鸡舍，舍内环境可以控制，而且可以根据舍内鸡群的品种和日龄来决定光照程序，而不受季节的影响，从而使鸡的性成熟与体成熟同步。在我国用电是很重要的限制因素，选用封闭型蛋鸡舍的养鸡场，需要慎重考虑当地的供电条件。

2. 开放型

开放型蛋鸡舍为利用自然环境因素的节能型建筑，它是针对我国当前工厂化养鸡场蛋鸡舍建筑标准高、日常管理耗费能源大、蛋鸡舍内空气环境差等问题，根据温室效应、亭檐效应、热压通风动力和生物应激补偿作用的原理，运用生物环境工程技术设计而成的。蛋鸡舍侧壁上半部全部敞开，以半透膜双覆膜塑料编织布做的双层卷帘或双层玻璃钢多功能通风窗为南北两侧壁的围护结构，依靠自然通风、自然光照，利用太阳能、鸡群体热和棚架藤蔓植物遮阴等自然环境条件，不设风机，不采暖，以塑料编织卷帘或双层玻璃钢两用通风窗，通过卷帘机或开窗机控制启闭开度和檐下出气缝组织通风换气。通过长出檐的亭檐效应和地窗"扫地风"以及上下通风带组织对流，增强通风效果，降低鸡群体感温度，达到给蛋鸡舍降温的效果。通过南向的薄侧壁墙接收太阳辐射热能的温室效应和内外两层卷帘或双层窗，达到冬季增温和保温的效果，从而创造适宜的蛋鸡舍环境，获得良好的养鸡效果，发挥各品种鸡群的生产性能。

3. 半开放式蛋鸡舍 （开放-封闭兼备型）

该种蛋鸡舍采用的大型多功能双层玻璃钢通风窗与蛋鸡舍长度相同，玻璃钢大窗作为两侧进风口，通过开窗机来调节玻璃钢窗的开启程度，形如一面可以启闭的半透明墙体，从而使蛋鸡舍具有开放、封闭兼备的功能。在气候温和的季节里依靠两侧玻璃钢窗来调节舍内环境，而不必开动风机；在气候恶劣的条件下则关闭两侧大窗，开启一侧山墙上的进风口，并开动另一侧山墙上的风机进行强制通风。由于玻璃钢窗向外开启，可与屋檐形成两重长出檐，不但可以阻止阳光直射进入舍内，大大减弱舍内光照强度，避免光害，而且加强了亭檐效应，有利于舍内通风降温。由于窗面为整块无缝的玻璃钢，窗扇与窗框接触处、窗扇四周设"飞边"，可以封堵窗缝，窗的整体无缝性很好，因而蛋鸡舍的整体密封性能好，大窗关闭时便可封严，利于保温隔热和组织纵向通风。这种蛋鸡舍既能充分利用自然资源（太阳能和风能等），又可以在恶劣气候条件下实现人工调控，从而实现蛋鸡舍建筑形式上开放、封闭相结合，通风技术上横向通风、纵向通风相结合，自然通风与机械通风相结合，从而使蛋鸡舍具备了混合通风，开放、封闭兼备的功能。

二、蛋鸡舍建筑的设计

1. 平面设计

蛋鸡舍平面设计，是在养鸡工艺平面布置方案的基础上进行的。它既受养鸡工艺的制约，又可促进养鸡工艺的合理布置。由于建筑平面能比较集中地反映建筑功能的情况，故在蛋鸡舍建筑设计时首先从平面设计的分析入手。但在平面设计时，出自从建筑整体组合效果的需要，始终要结合剖面和立面的可能性和合理性考虑平面设计。蛋鸡舍的平面设计要根据饲养工艺做好建筑平面功能分析，包括蛋鸡舍内部饲养管理活动规律和功能要求、蛋鸡舍内部各组成部分之间的关系、蛋鸡舍内外关系等。

2. 剖面设计

蛋鸡舍剖面设计是解决垂直方向空间处理的有关问题，即根据生产工艺需要，研究剖面形式与确定蛋鸡舍剖面尺寸、蛋鸡舍空间的组合和利用以及蛋鸡舍剖面和结构、构造的关系等。

3. 立面设计

当平面、剖面设计确定时，建筑立面的形体轮廓也已基本确定，即蛋鸡舍形体外观平视的图示，包括正立面、背立面和两个侧立面。立面设计除了要符合经济实用的要求，在可能的条件下也应注意美观，与周围环境和谐一致。

三、蛋鸡舍的结构要求

1. 地基与地面

地基应深厚、结实。地面要求高出舍外，防潮，平坦，易于洗刷消毒。

2. 墙壁

墙壁应隔热性能好，能防御外界风雨侵袭。我国多用砖或石垒砌，墙外面用水泥抹缝，墙内用水泥或白灰挂面，以便防潮和利于冲刷。

3. 屋顶

屋顶由屋架和屋面两部分组成，要求隔热性能好。屋架可用钢筋、木材、预制水泥板或钢筋混凝土制成。屋面要防风雨、不透水并能隔绝太阳辐射，我国常用瓦、石棉瓦或苇草等做成。屋顶下面最好设顶棚，以增加蛋鸡舍的隔热防寒性能。

4. 门、窗

门的位置设置要便于工作和防寒，一般门设在南向蛋鸡舍的南面。门的大小应以舍内所有的设备及舍内工作的车辆便于进出为度。一般单扇门高 2m、宽 1m，双扇门高 2m、宽 1.6m 左右。

窗的位置和大小关系到蛋鸡舍的采光、通风和保温，开放型蛋鸡舍的窗户应设在前后墙上，前窗应高大，离地面可较低，以便于采光。窗户与地面面积之比为产蛋鸡舍 1∶（10～15），种鸡舍 1∶5。后窗应小，约为前窗面积的 2/3，离地面可较高，以利于夏季通风。密闭式蛋鸡舍不设窗户，只设应急窗和通风进出气孔。

5. 蛋鸡舍的跨度、长度和高度

蛋鸡舍的跨度视蛋鸡舍屋顶的形式、蛋鸡舍类型和饲养方式而定。单坡式与拱式蛋鸡舍跨度不能太大，双坡式和平顶式蛋鸡舍可大些。开放型蛋鸡舍跨度不宜太大，密闭式蛋鸡舍跨度可大些。笼养蛋鸡舍要根据安装鸡笼的组数，并留出适当的通道后，再决定蛋鸡舍的跨度；平养蛋鸡舍则要看供水、供料系统的多寡，并以最有效地利用地面为原则决定其跨度。一般跨度为：开放型蛋鸡舍 6～10m，密闭式蛋鸡舍 12～15m。

蛋鸡舍的长度一般取决于蛋鸡舍的跨度和管理的机械化程度。跨度 6～10m 的蛋鸡舍，长度一般在 30～60m；跨度较大的蛋鸡舍（如 12m），长度一般在 70～80m。机械化程度较高的蛋鸡舍可长一些，但一般不宜超过 100m，否则，机械设备的制作与安装难度较大，材料不易解决。

蛋鸡舍的高度应根据饲养方式、清粪方法、跨度与气候条件确定。跨度不大、平养及不太热的地区，蛋鸡舍不必太高，一般蛋鸡舍的高度为 2～2.5m；跨度大、夏季气候较热的地区，又是多层笼养，蛋鸡舍的高度为 3m 左右，或者以最上层的鸡笼距屋顶 1～1.5m 为宜。若为高床密闭式蛋鸡舍，由于下部设粪坑，高度一般为 4.5～5m。

6. 操作间与走道

操作间是饲养员进行操作和存放工具的地方。蛋鸡舍的长度若不超过 40m，操作间可设在蛋鸡舍的一端；若蛋鸡舍长度超过 40m，则应设在蛋鸡舍中央。

走道是饲养员进行操作的通道，其宽窄的确定要考虑到饲养人员行走和操作方便。走道的位置，视蛋鸡舍的跨度而定。平养蛋鸡舍跨度比较小时，走道一般设在蛋鸡舍的一侧，宽度 1～1.2m；跨度大于 9m 时，走道设在中间，宽度 1.5～1.8m，便于采用小车喂料。笼养蛋鸡舍无论跨度多大，视鸡笼的排列方式而定，鸡笼之间的走道宽度为 0.8～1m。

7. 运动场

开放型蛋鸡舍地面平养时，一般都设有运动场，运动场与蛋鸡舍等长，宽度约为蛋鸡舍跨度的 2 倍。运动场应向阳、地面平整、排水方便，还应设有遮阳设备，其周围以围篱相隔，以防鸡只串群和其他兽禽侵袭。

8. 蛋鸡舍通风

通风具有排除舍内污浊空气及调节温度、湿度等作用。通风的方式有两种，即自然通风和机械通风。开放型蛋鸡舍以自然通风为主，当跨度超过 7m 时，应安装风机辅以机械通风。密闭式蛋鸡舍全靠机械通风。机械通风分正压通风和负压通风：风机向舍外排风称为负压通风；风机向舍内吹风称为正压通风。负压通风的方式有好几种，选用什么方式依蛋鸡舍的跨度而定：跨度不超过 10m 的蛋鸡舍多采用穿透式负压通风；跨度在 12m 以内及放 2～4 层鸡笼的蛋鸡舍，适宜用屋顶排气式负压通风；跨度在 20m 以内、放1～6 组鸡笼的蛋鸡舍适宜用侧墙排气式负压通风等。进气口的面积按 1000m³/h 换气量需 0.096m² 的进气口面积计算，若进气口有遮光装置，则增加到 0.12m²。

第三节　蛋鸡场的生产设备

一、孵化设备

（一）孵化机

1. 孵化机的类型

孵化机主要包括箱体式孵化机和巷道式孵化机。

（1）箱体式孵化机　根据蛋架结构分为蛋盘架和蛋架车两种形式。蛋盘架又分滚筒式和八角式，蛋盘架固定在箱内不能移动，入孵和操作管理不方便。目前蛋架车使用越来越多，可以直接到蛋库装蛋，消毒后推入孵化机，减少了种蛋装卸次数。箱体式孵化机一般采用低转速、大直径风扇，一种是风扇放在箱体后侧向前吹风，一种是风扇放在两侧往中间吹风，现在多把风扇装在中间向两侧吹风。

（2）巷道式孵化机　巷道式孵化机的特点是多台箱体式孵化机组合连体拼装，配备独有的空气搅拌和导热系统，容蛋量一般在7万枚以上。使用时将种蛋码盘放在蛋架车上，经消毒、预热后，逐台按一定轨道推进巷道内，18天后转入出雏机。机内新鲜空气由进气口吸入，经加热加湿后从上部的风道由多个高速风机吹到对面的门上，大部分气体随气流进入下面的巷道，通过蛋架车后又返回进气室。这种循环充分利用了胚蛋的代谢热，箱内没有空气死角，温度均匀，所以比其他类型的孵化机省电，并且孵化效果好。

2. 孵化机的构造

孵化机类型很多，虽然自动化程度和容量大小有所不同，但其构造原理基本相同，主要由机体、自动控温装置、自动控湿装置、自动翻蛋装置和通风换气装置等几部分组成。

（1）机壳　即箱体或箱壁，通常做成夹层，中间填满隔热材料。机门设双层玻璃小窗，以便观察机内的温湿度。

（2）蛋盘　过去都用木料做框架，中间装两排铅丝，上排距离较宽，用于隔蛋，下排距离较密，用于托蛋。新式孵化机不用蛋盘，而是镂空的塑料蛋托。

（3）翻蛋系统　翻蛋机件一般与蛋盘架的型号相配套。这种翻蛋系统有的依靠手工操作，有的是电动装置，自动运行。

（4）热源与控温系统　大部分用电热丝供温，电热丝由温度调节器控制。

（5）通风系统　孵化机的排气孔一般都安置在机体的顶部，进气孔安置在鼓风板下的周围。我国目前生产的孵化机风扇多安装在蛋盘架的两侧，使蛋盘里外的蛋都能均匀受温，不断换气。

（6）供湿系统　一般在孵化机的底部放置2～4个浅水盘，通过水盘蒸发水分，供给机内湿度。目前较先进的控湿系统中，安装有叶片供湿轮，连接供水管、水银导电表和电磁阀自动控制喷雾。

（7）报警系统　由温度调节器、电铃和指示灯（红绿灯泡）组成。现代立体孵化机由于构造已经机械化、自动化，机械的管理非常简单，主要注意温度的变化，观察控制系统的灵敏程度，遇有失灵情况及时采取措施。

(二) 出雏机

出雏机完成孵化蛋（19～21 天）的出壳作业，它的结构及使用和孵化机的不同之处包括：

① 没有翻蛋机构，出雏期不允许翻蛋。

② 出雏盘取代蛋盘，出雏车取代蛋架车。

③ 出雏期温度比孵化期温度要低，约为 37.3～37.5℃。

④ 出雏期湿度比孵化期湿度要高，约为 70%～75%。

⑤ 出雏期通风换气量要大于孵化期。

(三) 其他设备

其他设备主要有码蛋机、倒盘机、洗蛋机、照蛋设备等。

二、饲养设备

(一) 鸡笼

1. 育雏笼

（1）叠层式电热育雏笼　在每层笼内都设有电加热器和温度控制装置，可保证不同日龄雏鸡所需的温度。9YCH 电热育雏器是目前国内普遍使用的笼养育雏设备，由加热育雏笼、保温育雏笼和雏鸡运动场三部分组成，每一部分都是独立的整体，可以根据房舍结构和需要进行组合。如采用整室加热育雏，可单独使用雏鸡运动场；在温度较低的地方，可适当减少运动场，而增加加热育雏笼和保温育雏笼。电热育雏笼一般为四层，每层高度 330mm，每组笼规格为 1400mm×700mm，层与层之间是 700mm×700mm 的承粪盘，全笼总高度 1720mm，长度 4340mm，宽度 1450mm。

（2）叠层式育雏笼　指无加热装置的普通育雏笼，常用的是 4 层或 5 层。整个笼组用镀锌铁丝网片制成，由笼架固定支撑，每层笼间设承粪板，间隙 50～70cm，笼高 33cm。此种育雏笼具有结构紧凑、占地面积小、饲养密度大等优点，对于整室加温的蛋鸡舍使用效果不错。

（3）半阶梯式育雏笼　半阶梯式育雏笼上下层之间部分重叠，上下层重叠部分有挡粪板，按一定角度安装，粪便滑入粪坑。其舍饲密度较全阶梯式鸡笼高，但是比层叠式鸡笼低。由于挡粪板的阻碍，其通风效果比全阶梯式鸡笼稍差。

2. 育成笼

育成笼从结构上分为半阶梯式和层叠式两大类，有 3 层、4 层、5 层之分，可以与喂料机、乳头式饮水器、清粪设备等配套使用。根据育成鸡的品种与体形，每只鸡占用底网面积为 $340 \sim 400cm^2$。

3. 蛋鸡笼

我国目前生产的蛋鸡笼有适用于轻型蛋鸡的轻型蛋鸡笼和适用于中型蛋鸡的中型蛋鸡笼，为多层全阶梯或半阶梯组合方式，由笼架、笼体和护蛋板组成。笼架由横梁和斜撑组成，一般用厚 $2.0 \sim 2.5mm$ 的角钢或槽钢制成。笼体由冷拔钢丝经点焊成片，然后镀锌再拼装而成，包括顶网、底网、前网、后网、隔网和笼门等。一般前网和顶网压制在一起，后网和底网压制在一起，隔网为单网片，笼门作为前网或顶网的一部分，有的可以取下，有的可以上翻。笼底网要有一定坡度，一般为 $8° \sim 10°$，伸出笼外 $12 \sim 16cm$ 形成集蛋槽。笼体的规格一般前高 $40 \sim 45cm$，深度 45cm 左右，每个小笼养 $3 \sim 5$ 只鸡。护蛋板为一条镀锌薄铁皮，放于笼内前下方，下缘与底网间距 $5.0 \sim 5.5cm$。

层叠式蛋鸡笼在国内少数养鸡场已开始使用，鸡笼上下重叠，$5 \sim 7$ 层，每层之间有 12cm 高的间隔，其中有传送带承接和运送粪便，清粪、喂饲、供水、集蛋以及环境条件控制均为自动化。这种鸡笼能够极大地提高蛋鸡舍的利用效率和劳动生产效率，但是成本相对较高。

4. 种鸡笼

种鸡笼可分为蛋用种鸡笼和肉用种鸡笼，从配置方式上又可分为 2 层和 3 层。种母鸡笼与蛋鸡笼笼养设备结构差不多，只是尺寸放大一些，但在笼门结构上做了改进，以方便抓鸡进行人工授精。

（二）供料设备

1. 饲料运输车与料塔（贮料仓）

根据卸料的工作部件不同，饲料运输车可分为机械式和气流输送式两种。机械式卸料运输车，是在载重车上加装饲料罐，罐底有一条纵向铰龙，罐尾有一立式铰龙，其上有一条与之相连的悬臂龙，饲料通过铰龙的输送即可卸入 7m 高的饲料塔中。气流输送式卸料运输车，也是在载重车上加装料罐，罐底有一条或两条纵向铰龙，所不同的是在铰龙出口处设有鼓风机，通过鼓风机产生的气流将饲料输送进 15m 以内的贮料仓中。这种运输车适宜装运颗粒料。

贮料仓的直径约 2m，高度多在 7m 以下，容量有 2t、4t、5t、6t、8t、10t 等多种。贮料仓要密封，避免漏进雨水、雪水；另外要设有出气孔；一个完善的贮料仓，还应装有料位指示器。贮料仓多用于大、中型机械化鸡场，主要用作短期贮存干粉状或颗粒状配合饲料。

2. 输料机

输料机是料塔和舍内喂料机的连接纽带，作用是将料塔或贮料间的饲料输送到舍内喂料机的料箱内。输料机有螺旋弹簧式、螺旋叶片式、链式，目前使用较多的是前两种。

（1）螺旋弹簧式　螺旋弹簧式输料机由电机驱动皮带轮带动空心弹簧在输料管内高速旋转，将饲料送入蛋鸡舍，通过落料管依次落入喂料机的料箱中。当最后一个料箱落满料时，该料箱上的料位器弹起切断电源，使输料机停止输料；当最后料箱中的饲料下降到某一位置时，料位器则接通电源，输料机又重新开始工作。

（2）螺旋叶片式　螺旋叶片式输料机是一种广泛使用的输料设备，主要工作部件是螺旋叶片。在完成由舍外向舍内的输料作业时，由于螺旋叶片不能弯成一定角度，故一般使用两台螺旋叶片式输料机，一台倾斜输料机将饲料送入水平输料机和料斗内，再由水平输料机将饲料输送到喂料机各料箱中。

3. 喂料设备

常用的喂料设备有螺旋弹簧式、索盘式、链板式和轨道车式四种。

（1）螺旋弹簧式喂料机　由料箱、内有螺旋弹簧的输料管以及盘筒形饲槽组成，属于直线型喂料设备。工作时，饲料由舍外的贮料塔运入料箱，然后由螺旋弹簧将饲料沿着管道推送，依次向套接在输料管道出口下方的饲槽装料，当最后一个饲槽装满时，限位控制开关开启，使喂料机的电动机停止转动，即完成一次喂饲。螺旋弹簧式喂料机一般只用于平养鸡舍，其优点是结构简单，便于自动化操作和防止饲料被污染。

（2）索盘式喂料机　由料斗、驱动机构、索盘、输料管、转角轮和盘筒式饲槽组成。工作时由驱动机构带动索盘，索盘通过料斗时将饲料带出，并沿输料管输送，再由斜管送入盘筒式饲槽，管中多余饲料由回料管进入料斗。

（3）链板式喂料机　可用于平养鸡舍和笼养鸡舍。它由料箱、驱动机构、链板、长饲槽、转角轮、饲料清洁筛、饲槽支架等组成。链板是该设备的主要部件，若干链板相连构成一封闭环。链板的前缘是一铲形斜面，当驱动机构带动链板沿饲槽和料斗构成的环路移动时，铲形斜面就将料斗内的饲料推送到整个长饲槽。该种喂料机按链板运行速度又分为高速链式喂料机（18~24m/min）和低速链式喂料机（7~13m/min）两种。

（4）轨道车式喂料机　用于多层笼养鸡舍，是一种骑跨在鸡笼上的喂料车，沿鸡笼上或旁边的轨道缓慢移动，将料箱中的饲料分送至各层饲槽中。该种喂料机根据料箱的配置形式可分为顶料箱式和跨笼料箱式。顶料箱式喂料机只有一个料桶，料箱底部装有铰龙，当喂料机工作时铰龙随之运转，将饲料推出料箱沿溜管均匀流入饲槽。跨笼料箱式喂料机根据鸡笼形式配置，每列饲槽上都跨设一个矩形小料箱，料箱下部锥形扁口通向饲槽中，当沿鸡笼移动时，饲料便沿锥面下滑落入饲槽中。饲槽底部固定一条螺旋形弹簧圈，可防止鸡采食时选择饲料和将饲料抛出槽外。

(三）供水设备

1. 饮水器的种类

（1）乳头式　乳头式饮水器有锥面密封型、平面密封型、球面密封型三大类。该设备用毛细管原理，使阀杆底部经常保持挂有一滴水，当鸡啄水滴时便触动阀杆顶开阀门，水便自动流出供其饮用。平时则靠供水系统对阀体顶部的压力，使阀体紧压在阀座上防止漏水。乳头式饮水设备适用于笼养和平养鸡舍，给成鸡或两周龄以上雏鸡供水。要求配有适当的水压和纯净的水源，使饮水器能正常供水。

（2）吊塔式　吊塔式饮水器又称普拉松饮水器，靠盘内水的重量来启闭供水阀门，即当盘内无水时，阀门打开，当盘内水达到一定量时，阀门关闭。该种饮水器主要用于平养鸡舍，用绳索吊在离地面一定高度（与雏鸡的背部或成鸡的眼睛等高）的地方。该饮水器的优点是适应性广，不妨碍鸡群活动。

（3）水槽式　水槽一般安装于鸡笼饲槽上方，是由镀锌板、搪瓷或塑料制成的"V"形槽，每根2m，由接头连接而成。水槽一头通入常流动水，使整条水槽内保持一定水位供鸡只饮用，另一头流入管道将水排出鸡舍。水槽式饮水设备简单，但耗水量大。要求安装在整列鸡笼几十米长度内，水槽高度误差小于5cm，误差过大不能保证正常供水。

（4）杯式　杯式饮水设备分为阀柄式和浮嘴式两种。该饮水器耗水少，并能保持地面或笼体内干燥。平时水杯在水管内压力下使密封帽紧贴于杯体锥面，阻止水流入杯内。当鸡饮水时将杯舌下啄，水流入杯体，达到自动供水的目的。

（5）真空式　由水筒和盘两部分组成，多为塑料制品。筒倒扣在盘中部，并由销子定位。筒内的水由筒下部壁上的小孔流入饮水器盘的环形槽内，能保持一定的水位。真空式饮水器主要用于平养鸡舍。

2. 供水系统

乳头式、杯式、吊塔式饮水器要与供水系统配套，供水系统由过滤器、减压装置和管路等组成。

（1）过滤器　过滤器的作用是滤去水中杂质，使减压装置和饮水器能正常供水。过滤器由壳体、放气阀、密封圈、上下垫管、弹簧及滤芯等组成。

（2）减压装置　减压装置的作用是将供水管压力减至饮水器所需要的压力，减压装置分为水箱式和减压阀式两种。

三、环境控制设备

（一）降温设备

1. 湿帘风机降温系统

该系统由湿帘（或湿垫）、风机、循环水路与控制装置组成，具有设备简单、成本低廉、降温效果好、运行经济等特点，比较适合高温干燥地区。湿帘风机降温系统是目前最成熟的蒸发降温系统。湿帘的厚度以 $100\sim200mm$ 为宜，干燥地区应选择较厚的湿帘，潮湿地区所用湿帘不宜过厚。

2. 喷雾降温系统

喷雾降温系统是用高压水泵通过喷头将水喷成直径小于 $100\mu m$ 的雾滴，雾滴在空气中迅速汽化而吸收舍内热量使舍温降低。常用的喷雾降温系统主要由水箱、水泵、过滤器、喷头、管路及控制装置组成，该系统设备简单，降温效果显著，但易导致舍内湿度提高。若将喷雾装置设置在负压通风鸡舍的进风口处，雾滴的喷出方向与进气气流相对，雾滴在下落时受气流的带动而降落缓慢，延长了雾滴的汽化时间，提高了降温效果。但鸡舍雾化不全时，易淋湿羽毛影响蛋鸡生产性能。

（二）采暖设备

1. 保温伞

保温伞适用于垫料地面和网上平养育雏期供暖，有电热式和燃气式两类。

（1）电热式　热源主要为红外线灯泡和远红外板，伞内温度由电子控温器控制，可将伞下距地面 5cm 处的温度控制在 $26\sim35℃$，温度调节方便。

（2）燃气式 主要由辐射器和保温反射罩组成。可燃气体在辐射器处燃烧产生热量，通过保温反射罩内表面的红外线涂层向下反射远红外线，以达到提高伞下温度的目的。燃气式保温伞内的温度可通过改变悬挂高度来调节。

2. 热风炉

热风炉供暖系统主要由热风炉、送风风机、风机支架、电控箱、连接弯管、有孔风管等组成。热风炉有卧式和立式两种，是供暖系统中的主要设备。它以空气为介质，采用燃煤板式换热装置，送风升温快，热风出口温度为80～120℃，热效率达70%以上，比锅炉供热成本降低50%左右，使用方便、安全，是目前推广使用的一种采暖设备。可根据鸡舍供热面积选用不同功率的热风炉。立式热风炉顶部的水套还能利用烟气余热提供热水。

（三）通风设备（风机）

1. 轴流风机

轴流风机主要由外壳、叶片和电机组成，叶片直接安装在电机的转轴上。轴流风机风向与轴平行，具有风量大、耗能少、噪声低、结构简单、安装维修方便、运行可靠等特点，而且叶片可以逆转，以改变输送气流的方向，而风量和风压不变，因此，既可用于送风，也可用于排风。但该种风机风压衰减较快。目前鸡舍的纵向通风常用节能、大直径、低转速的轴流风机。

2. 离心风机

离心风机主要由蜗牛形外壳、工作轮和机座组成。这种风机工作时，空气从进风口进入风机，旋转的带叶片工作轮形成离心力将空气压入外壳，然后再沿着外壳经出风口送入通风管中。离心风机不具逆转性，但产生的压力较大，多用于鸡舍热风和冷风输送。

（四）照明设备

1. 人工光照设备

人工光照设备包括白炽灯、荧光灯等。

2. 照度计

照度计可以直接测出光照强度的数值。由于家禽对光照的反应敏感，禽舍内要求的照度比日光照度低得多，应选用精确的仪器。

3. 光照控制器

光照控制器的基本功能是自动启闭禽舍照明灯，即利用定时器的多个时间段自编程序功能，实现精确控制舍内光照时间。

（五）清粪设备

1. 刮板式清粪机

刮板式清粪机用于网上平养和笼养鸡舍清粪，安置在鸡笼下的粪沟内，刮板略小于粪沟宽度。每开动一次，刮板做一次往返移动，刮板向前移动时将鸡粪刮到鸡舍一端的横向粪沟内，返回时，刮板上抬空行。横向粪沟内的鸡粪由螺旋清粪机排至舍外。根据鸡舍设计，一台电机可负载单列鸡笼、双列鸡笼或多列鸡笼。

2. 输送带式清粪机

输送带式清粪机用于叠层式笼养鸡舍清粪，主要由电机和链传动装置、主动辊、被动辊、承粪带等组成。承粪带安装在每层鸡笼下面，启动时由电机、减速器通过链条带动各层的主动辊运转，将鸡粪输送到一端，端部设置的刮粪板将鸡粪刮落，从而完成清粪作业。

3. 螺旋弹簧横向清粪机

横向清粪机是机械清粪的配套设备。当纵向清粪机将鸡粪清理到鸡舍一端时，再由横向清粪机将刮出的鸡粪输送到舍外。作业时，清粪螺旋直接放入粪槽内，不用加中间支撑，输送混有鸡毛的黏稠鸡粪也不会堵塞。

四、卫生防疫设备

1. 多功能清洗机

多功能清洗机具有冲洗和喷雾消毒两种用途，使用 220V 电源作动力，适用于禽舍、孵化室地面冲洗和设备洗涤消毒。该产品进水管可接到水龙头上，水流量大，压力高，配上高压喷枪，比常规

现代蛋鸡养殖关键技术精解

手工冲洗快而洁净，还具有体积小、耐腐蚀、使用方便等优点。

2. 喷雾消毒设备

鸡舍固定管道喷雾消毒设备是一种用机械代替人工喷雾的设备，主要由泵组、药液箱、输液管、喷头组件和固定架等构成。饲养管理人员手持喷雾器进行消毒时劳动强度大，消毒剂喷洒不均，一般用于小范围消毒。

3. 火焰消毒器

由于燃烧的火焰温度较高，可以烧死触及之处的病原微生物，并且消毒效果较好，因而火焰消毒器也是一种重要的防疫设备。火焰消毒器的工作原理是，把一定压力的燃油（煤油或柴油）雾化并燃烧产生喷射火焰，喷向消毒部位，以此来达到消毒的目的。

五、集蛋设备

大型机械化多层笼养蛋鸡舍采用自动集蛋设备，可以完成纵向、横向集蛋工作。将纵向水平集蛋带放在蛋槽上，集蛋带宽度通常为 95～110mm，运行速度为 0.8～1.0m/min。由纵向水平集蛋带将鸡蛋送到鸡舍一端后，再由各自的垂直集蛋机将几层鸡笼的鸡蛋集中到一个集蛋台，由人工或吸蛋器装箱。

第七章　蛋鸡场的环境污染与保护

第一节　蛋鸡场环境污染

一、蛋鸡场环境污染的原因

随着畜牧业的发展，我国不断涌现出大批现代化大型畜牧场，随之而来的是产生大量的畜禽废弃物，其中以鸡粪数量最大。这些畜禽废弃物如不经处理，不仅会危害畜禽养殖业本身，而且会污染周围环境，造成畜禽养殖公害。在美国，畜禽废弃物的数量比生活废弃物（垃圾）多10倍，日本及欧洲一些国家，也常因畜禽废弃物而造成养殖业公害案件。

蛋鸡养殖场的废弃物之所以成为蛋鸡场环境污染的主要原因，是因为：

1. 蛋鸡养殖生产转向集中经营

以前蛋鸡养殖生产的规模小，饲养蛋鸡的数量不多，经营分散，或仅作为一种副业，可有可无，这种小规模蛋鸡养殖场的粪尿不多，可及时就地利用，因而较少出现污染问题。近十多年来，随着蛋鸡行业的快速发展，生产规模越来越大，集约化程度越来越高，从而产生大量的粪尿，如不加处理排放出去，就会严重污染环境。例如，一个20万只规模的蛋鸡场，仅成年鸡每日就要产生鸡粪近2t，如果加上相应的后备鸡，则全场鸡粪日产量可达近3.5t。

2. 城郊蛋鸡场增多

过去禽业生产多依赖于农业，就近取得农副产品作为饲料，因而养殖场多建在农区、牧区。随着工业化的发展，城镇与工矿区人口大量集中，对鸡产品的需求量显著增多，为便于购买饲料和加工、销售禽产品，城市近郊的蛋鸡场越来越多，离居民点也越来越近，造成的环境污染也越来越严重。

3. 农业生产中化学肥料的用量增多

随着化学工业的发展，化肥的生产量越来越大，而价格越来越低，运输、贮存、使用都比较方便，相反，鸡粪积压量大，使用量多，装运不便，又需长途运输，既费力又费工，使其使用越来越少，结果造成积压，成为废弃物，难以处理，引起养殖业公害。

二、蛋鸡场环境污染的途径及危害

养鸡场的废弃物是造成城郊畜牧场环境污染的主要污染源。养鸡场废弃物中可造成环境污染的物质有：粪尿、死鸡、垫料、污水、鸡舍内排出的灰尘、有害气体与恶臭、饲料粉尘、孵化废弃物（死胚、蛋壳等）等。在上述污染物中，以未处理或处理不当的粪尿及养鸡场污水的数量最多，危害最严重。

（一）大气污染

引起大气污染的主要物质有：

1. 二氧化硫（SO_2）

SO_2 主要侵害呼吸系统，引起气管、支气管和肺部疾病。雏鸡对 SO_2 较敏感，在 SO_2 浓度为 $30\sim100mg/m^3$ 时即出现呼吸困难、口吐白沫和体温升高，在 SO_2 浓度为 $300mg/m^3$ 以上时，很快吐黄水死亡。国外对空气中 SO_2 一次量的限额为 $\leqslant0.5mg/m^3$，日平均 $\leqslant0.15mg/m^3$。

2. 氟化物

氟化物被家禽吸收进入血液，会影响钙、磷代谢，过量的氟与钙结合为氟化钙（CaF_2），磷则随尿大量排出，使钙、磷代谢失调，以致引起禽喙钙化不全，骨骼和四肢变形并跛行，长期氟中毒会使鸡逐渐衰竭死亡。我国居民区大气氟化物卫生标准是：一次量 $\leqslant 0.02\mathrm{mg/m^3}$，日平均 $\leqslant 0.007\mathrm{mg/m^3}$。

3. 氮氧化物

氮氧化物污染以 NO_2 和 NO 的污染最常见。氮氧化物可引起慢性或急性中毒，$0.5\sim17\mathrm{mg/m^3}$ 时，可引起呼吸道发炎、支气管痉挛和呼吸困难；$60\sim150\mathrm{mg/m^3}$ 时，可导致昏迷或死亡；$200\sim700\mathrm{mg/m^3}$ 时，可引起急性中毒死亡。我国卫生标准规定，氮氧化物折成 NO_2，一次量 $\leqslant 0.15\mathrm{mg/m^3}$。

4. 碳氢化合物

碳氢化合物包括各种烷烃、烯烃、芳香族烃、萘、蒽、芘等。碳氢化合物经阳光照射可与氮氧化物发生光化学反应，产生臭氧（O_3）等有害物质，可刺激黏膜，引起肺部疾病。

5. 鸡产生和排放的恶臭及尘埃

由消化道排出的气体以及粪尿和其他废弃物腐败产生的气体，不仅含有多种有害物质，而且产生恶臭。在各种恶臭气体中，主要包括硫化物（如硫化氢、甲基硫醇）、氮化物（氨、甲基胺）、脂肪族化合物（吲哚、丙烯醛、粪臭素等）。

这些恶臭物质会刺激嗅觉神经与三叉神经，从而对呼吸中枢发生作用，影响人、畜的呼吸机能；刺激性臭味亦会使血压及脉搏发生变化，有的还具有毒性，如硫化氢、氨等；恶臭也刺激人的感觉器官，使人产生不愉快感，严重者影响工作效率。

蛋鸡生产排放的尘埃，会严重污染大气环境，直接影响人、畜的呼吸系统健康，其中微生物也随尘埃飘浮于大气中，能传播疾病，对人、畜禽造成危害。有资料表明，一个 72 万只规模的养禽场，每小时排放尘埃 41.4kg，细菌 1748 亿个，二氧化碳 2087m³，氨 13.3kg。

（二）水体污染

水体污染主要包括有机物质、微生物、有毒物质和放射性物质的污染。我国规定，地面水的质量应符合溶解氧（DO）$\geqslant 4\sim5$mg/L，化学需氧量（COD）$\leqslant 2\sim3$mg/L，五日生化需氧量（BOD_5）$\leqslant 3\sim4$mg/L，细菌总数$\leqslant 100$个/mL，大肠杆菌$\leqslant 3$个/L。

（三）土壤污染

各种污染物质随着降水逐渐沉降地下，较为复杂。

三、蛋鸡场环境污染特点

1. 臭气污染

蛋鸡场臭气的产生，主要是碳水化合物和含氮有机物的分解造成的。在有氧条件下，这两类物质分别分解为 CO_2、H_2O 和硝酸盐，不会有臭气产生；当这些物质在厌氧的条件下，可分解释放出带酸味、臭蛋味、鱼腥味、烂白菜味等带刺激性的特殊气味。当前城镇建设向郊区农村迅速延伸，原先远离城镇的蛋鸡场与居民点的距离缩短，蛋鸡场的臭气污染成为社会关注的问题。

2. 水体的富营养化

鸡粪尿和污水的任意排放极易造成水体的富营养化。据统计，1 万只规模的蛋鸡场每天排污量，相当于 1 万人粪量的 BOD_5 值。水体富营养化是畜禽粪尿污染水体的一个重要指标。

3. 传播人畜共患病

据世界卫生组织和联合国粮农组织的资料，由动物传染给人的人畜共患病有 90 余种，其中由禽类传染的 24 种，这些人畜共患病的载体主要是畜禽粪便及排泄物。

4. 引起畜禽产品公害

滥用抗生素添加剂、饲喂霉变饲料或残留大量农药、化肥的饲料，造成畜禽产品的污染，畜禽产品中残留的有毒有害物质可通过食物链使人产生一定的毒性反应和过敏反应，同时，长期使用某种抗生素，使细菌对该种抗生素产生适应或遗传物质发生突变而形成耐药细菌。耐药细菌的出现，使这类抗生素的疗效大大降低或完全失效，对人、畜某些疾病的预防和治疗造成困难，引起畜禽产品公害。

第二节　养鸡场环境保护

加强环境保护是人类社会发展的方向，也是禽业生产者必须承担的社会责任。养禽场的环境保护，既要避免养禽场被污染，又要防止养禽场污染周围环境。在进行养禽场环境保护时，必须重视养禽场的主要污染源——废弃物的处理，使养禽场废弃物处理向无公害化、资源化方向发展。

一、禽业环保技术产业化

养殖业环境保护是禽业生产发展到一定阶段和一定社会经济条件下出现的新问题，也是一个新的产业。

控制和降低禽业污染不仅是畜牧生产、环境保护、卫生防疫等部门面临的共同问题，也需政府的经济支持和法制部门的密切配合。从技术上讲，防治污染应坚持"预防为主，防重于治"的原则，达到"治本治标，标本兼治"。通过畜牧环保技术产业化，可望从根本上解决畜牧业的污染问题。

1. 环保饲料技术

提高蛋鸡的饲料利用率，尤其应提高饲料中氮、磷的利用率，降低蛋鸡粪便中氮和磷的污染，这是消除畜牧环境污染的治本之举。为了达到这一目的，除了采用培育优良品种、科学饲养、科学配料、应用高效促生长添加剂、应用高新技术改变饲料品质和形状（如用生物制剂处理、饲料颗粒化、饲料膨化或热喷技术）等手段外，应用生态营养原理、开发环保饲料，均收到了良好效果。

2. 禽用防臭剂开发

为减轻家禽排泄物及其臭味的污染，从预防的角度出发，可在饲料中或禽舍垫料中添加各种除臭剂，从而推动禽用除臭剂的开发与生产。如利用丝兰属植物提取物、天然沸石等偏硅酸盐矿石（如

现代蛋鸡养殖关键技术精解

海泡石、膨润土、凹凸棒石、蛭石、硅藻石等)、绿矾（硫酸亚铁）、微胶囊化微生物和酶制剂、EM 制剂等，来吸附、抑制、分解、转化排泄物中的有毒有害成分，将氨转变成硝酸盐，将硫化氢转变成硫酸，从而减轻或消除臭气污染。

3. 生物和生态净化技术

通过生物手段净化鸡粪及污水，主要是利用厌氧发酵原理，将污物处理后变为沼气和有机肥。这是目前世界上应用最广泛、处理量较大、费用低廉、适用性较强的经济有效的方法，特别是高温快速发酵剂发酵。此法在正常气温条件下可使 BOD_5 减少 70%～90%，发酵时间大大缩短。

4. 粪便的再利用技术

20 世纪 50 年代美国首先以鸡粪作羊补充饲料试验成功后，世界各国都在开展畜禽粪便的再利用研究。目前，已有许多国家利用畜禽粪便加工饲料，英国和德国的鸡粪饲料已进入了国际市场，粪便的再利用减少了粪便对环境的污染，收到了废弃物资源化的效果。

5. 畜牧业生态工程技术

生态畜牧业的最大特点就是变废为宝，对营养物质多层次地分级利用，实现无废物、无污染生产。如发酵床养鸡。还有"干式集粪-多次挤压-粪便发酵"鸡粪处理工艺中，液料用来作培养基，培养大量光合细菌，经加工制成蛋白质饲料或者种特种草或者流入无土栽培温室；粪渣快速发酵作优质有机肥。再比如广泛适用于城郊农户，以向城市提供商品肉品、蛋品和蔬菜为目标的"鸡-肥-菜"模式，和适用于以养鱼为主的"鸡-肥-渔"模式等，这些模式最大的特点就是充分地利用生态系统中生物和谐技术、物质与能量循环利用技术，以及生物种充分利用空间资源技术，实行立体生产和无废物生产。

二、畜牧业废弃物的处理与利用

畜牧场的废弃物主要有：家禽粪尿、养鸡场污水（少量）、家禽尸体、废弃垫料、垃圾、孵化废弃物（蛋壳、死胚等）。

（一）家禽粪尿的合理处理与利用

家禽粪尿中含有大量的营养物质，经无害化处理后，不仅能化害为利、变废为宝，同时也起到保护环境、防止环境污染的作用。家禽粪尿的日产量见表 7-1。

表 7-1　家禽粪尿的日产量　　单位：kg/（只·日）

种类	产蛋鸡	肉用仔鸡
粪尿产量	0.1～0.2	0.05～0.06

家禽粪尿含粗蛋白质、粗脂肪、粗纤维等物质，它们在自然界易于分解，并参与物质的再循环过程。

家禽粪尿由于土壤、水和大气的理化和生物作用，经扩散、稀释和分解，逐渐得到净化，进而通过微生物、动植物的同化、异化作用，又重新形成蛋白质、脂肪和糖类，也就是再变为饲料，被家畜利用。

目前，对家禽粪尿的处理与利用方法有：用作燃料，用作饲料，用作肥料。

1. 用作燃料

即利用家禽粪尿及其他有机废物进行厌氧发酵而产生沼气（主要成分为甲烷，约占 60%～70%），作为燃料利用。

在沼气生产过程中，产生的沼气可作为生活、生产用燃料，也可用于发电；同时，厌氧发酵可杀灭病原微生物和寄生虫，发酵后的沼渣又是很好的肥料。

2. 用作饲料

家禽粪便中含有较丰富的营养物质，将鸡粪便经加工处理后，掺入饲料中喂家畜，不仅开辟了饲料资源，有利于物质和能量的良性循环，还可防止粪便污染环境。家禽粪便中的营养物质含量见表 7-2。

表 7-2　家禽粪便中的营养物质含量（以干物质计）

营养成分	含量	营养成分	含量
粗蛋白质/%	28	Ca/(mg/kg)	8.8
可消化蛋白质/%	14.4	P/(mg/kg)	2.5
粗纤维/%	12.7	Mg/(mg/kg)	0.67
总能/(kJ/kg)	14768	Na/(mg/kg)	0.94
可消化能/(kJ/kg)	7838	Fe/(mg/kg)	2000
代谢能/(kJ/kg)	4974	Cu/(mg/kg)	150
可消化养分总量/%	52.3	Mn/(mg/kg)	406
粗灰分/%	28	Zn/(mg/kg)	463

家禽粪便用作饲料的方法主要有以下几种：

（1）新鲜粪便直接利用　用新鲜鸡粪直接饲喂家畜，简便易行，效果也较好。有研究表明，用新鲜鸡粪直接饲喂奶牛与肉牛，效果也很好。用新鲜家禽粪便直接饲喂家畜，应注意做好卫生防疫，避免疾病传染。

（2）青贮　将新鲜干鸡粪与其他饲草、糠麸、玉米粉等按一定比例混合装入塑料袋或其他容器内，压实、封严，在密封条件下，经 20～40 天即可使用。用鸡粪青贮时，可按干鸡粪 50%、青饲料 30%、麸皮 20% 的比例，再加少许食盐。

（3）干燥　利用高温使家禽粪便中的水分迅速减少，以减少臭气，并便于运输和贮存。

① 自然干燥　将粪便摊在水泥地或塑料薄膜上晒干，即可贮存备用。自然干燥简便易行，节省能源，但效率低，粪中营养物质损失多，不能杀灭某些病原菌和寄生虫卵。

② 人工干燥　效率高，较好地保存了粪中养分，杀菌灭虫彻底，适合规模生产。人工干燥设备种类很多，我国采用的微波烘干技术处理鸡粪，其工艺是将鲜粪先脱水 20%，然后置于传送带上，通过微波加热器干燥，脱水效率高而速度快。意大利的高温干燥技术是将热气通至鲜粪，初期热气温度为 500～700℃，使鸡粪表面

水分迅速蒸发；中期热气温度降至 250～300℃，使粪内水分不断分层蒸发，以防止粪内有机物被高温破坏；末期热气温度降至 150～200℃，使粪中水分进一步减少。这种高温干燥处理，可杀灭所有的病原菌和寄生虫卵，能有效防止疾病的传播，安全可靠。

（4）生物处理 即用鸡粪培养蝇蛆和蚯蚓，再将蝇蛆、蚯蚓加工成粉或浆，饲喂畜禽，这种粉或浆是营养价值很高的蛋白质饲料。

（5）氧化发酵 我国已开始用充氧动态发酵机处理鸡粪，能自动完成混合、发酵、除臭、杀菌等工序，发酵效率高、速度快，鸡粪中养分损失少，适合规模化、自动化生产禽粪饲料的要求。

3. 用作肥料

家禽粪尿是优良的有机肥料，在改良土壤结构、提高土壤肥力方面具有化肥所不能代替的作用。

（1）生物发酵处理 堆肥发酵就是生物发酵处理的一种，即将禽粪和垫草等固体有机废弃物按一定比例堆积起来，在微生物作用下进行生物化学反应而自然分解，随着堆内温度升高，杀灭其中的病原菌、虫卵和蛆蛹，达到无害化。堆肥必须提供好氧环境、适宜的温度（50～60℃）、合适的含水量（40%左右）和适当的碳氮比 [(26～35):1]。为提高碳氮比和通气性，制作时可在粪便中加入秸秆、垫草等。

堆肥发酵方法简单，处理费用低，但发酵时间长，每次堆肥量不可能很多。而畜禽粪便发酵设备的研制成功，解决了传统堆肥发酵处理的不足。其发酵工艺是：将一定量的高效生物发酵菌种（丝状真菌、酵母菌、放线菌等）与畜禽粪污混合搅拌后置入密闭的发酵塔内，经过一定的温度和时间（7 天左右），将粪污物料快速腐熟成无臭、无害、活性物质增多、含水率降低（约为 30%）、可满足农业需求的上等有机肥料。

（2）药物处理 在急需用肥的季节或血吸虫病、钩虫病流行的地区，为在短时间内使粪肥达到无害化，可采用药物处理。常用的药物有：尿素、硝酸铵等。

（二）家禽尸体、垫草、垃圾的处理和利用

1. 尸体的处理与利用

家禽尸体分解腐败，散发恶臭，污染环境，特别是因传染病而死的病禽尸体，其病原微生物会污染大气、水源和土壤，造成疾病的传播与蔓延。因此，必须正确而及时地处理畜禽尸体。

（1）高温熬煮 将尸体放于特制的高温锅内熬煮，以达到彻底消毒的目的，用普通大锅，经100℃以上的高温熬煮处理，但要注意熬煮温度和时间，必须达到彻底消毒的要求。此法多用于非传染病而死的家禽尸体。

（2）焚烧法 用于处理危害人畜健康极为严重的传染病鸡尸体。焚烧时，先在地上挖一条十字形沟（沟长约2.6m，宽0.6m，深0.5m），在沟的底部放木柴或干草作引火用，在十字沟交叉处铺上粗且潮湿的横木，其上放置尸体，尸体的四周用木柴围上，然后洒上煤油焚烧。

（3）土埋法 是利用土壤的自净作用使其无害化。此法虽简单但不理想，因其无害化过程缓慢，某些病原微生物能长期生存，从而污染土壤和地下水，并会造成二次污染。采用土埋法，必须遵守卫生要求，埋坑应远离禽舍、放牧地、居民点和水源；掩埋深度不小于2m，禽尸四周应洒上消毒药剂；埋坑四周最好设栅栏并做上标记。

在处理尸体时，无论采用哪种方法，都必须将病禽的排泄物、各种废弃物等一并进行处理，以免造成环境污染。

2. 垫草、垃圾的处理

养禽场废弃的垫草及场内生活和各项生产过程产生的垃圾，除和粪便一起用于生产沼气外，还可在场内下风向处选一地点焚烧，焚烧后的灰用土覆盖，发酵后可变为肥料。不可将场内的旧垫草及垃圾随意堆放，以防污染环境。

（三）孵化废弃物的处理和利用

在养禽场，孵化过程中也有大量的废弃物产生，主要有蛋壳和

各阶段的死胚。其处理方法有两种：一种是将蛋壳和死胚混合在一起，经高温消毒、干燥处理后，制成粉状饲料加以利用，由于孵化废弃物中有大量蛋壳，故其含钙量非常高，有试验表明，在生长鸡饲料中可用孵化废弃物加工料代替至少 6% 的肉骨粉或豆饼（粕），在蛋鸡饲料中则可占到 16%；另一种是将蛋壳与各阶段死胚分开处理，蛋壳经高温消毒、干燥后粉碎制成蛋壳粉，死胚单独加工成粉状料，其蛋白质含量更高。

三、养禽场环境管理

在进行养禽场环境保护时，除了正确合理处理养禽场的各种废弃物外，还应注意场内的环境管理。

（一）注意水源防护

水对养禽场的重要性是不言而喻的。在养禽场的环境管理中，首先必须注意加强对水源的防护，避免水源受污染。

（二）消除恶臭

恶臭是存在于空气中能刺激嗅觉器官的臭气的总称。恶臭不仅影响人畜健康，而且严重污染环境。

消除禽舍和养禽场的恶臭，应采取综合性措施：

① 重视禽粪、污水的处理与利用。

② 进行场区绿化，利用植物吸收恶臭。

③ 正确而及时地处理禽尸。

④ 加强日常卫生管理工作。

⑤ 使用除臭剂，这是除恶臭比较有效的方法。常用的除臭剂有：

a. 丝兰提取物　是从丝兰属植物中提取的具有除臭作用的物质。丝兰提取物的除臭试验：开始时氨的浓度为 $40mg/m^3$，使用丝兰提取物 3 周后降到 $30mg/m^3$，6 周后降到 $6mg/m^3$。丝兰提取物不仅能除臭，还能提高增重速度和饲料转化率。

b. 沸石等硅酸盐矿石　沸石既能吸附 NH_4^+、抑制 NH_3 挥发，又能吸附大量水分，添加到饲料中，或撒在粪便及禽舍地面上，或饲喂用沸石作载体的矿物质添加剂，都可收到降低舍内湿度和除臭的效果。因此，沸石在集约化养殖中，是很有实用价值的干燥剂和除臭剂。

与沸石结构类似的其他硅酸盐，如膨润土、海泡石、凹凸棒石、硅藻土等，也可用于养禽场除臭。

c. 绿矾　即硫酸亚铁，可抑制粪便的发酵与分解，从而使粪便不再散发恶臭。其用法是：先将硫酸亚铁压碎成粉状，撒在承粪板或粪池中，粪便接触到硫酸亚铁后，硫酸亚铁遇水溶解，使粪池变成酸性，粪便不再发酵和分解，从而不再产生臭气。

d. EM 制剂　是一种由 80 多种微生物复合培养而成的有效微生物群。EM 制剂不仅能增重、防病、改善畜产品品质，而且有除臭效果。在鸡饲料中加入 EM 制剂，可使舍内的氨气浓度下降，臭味降低。据北京市环境监测中心对 EM 制剂除臭效果进行测试的结果，使用 EM 制剂 1 个月，恶臭气体浓度下降了 97%。

（三）防治蚊蝇

养禽场容易滋生蚊、蝇等有害昆虫，它们骚扰人畜，传播疾病，也污染环境。对蚊蝇的防治应采取综合措施。

1. 搞好养禽场环境卫生，保持环境清洁、干燥

这是防治蚊蝇的关键。及时清除并处理粪便、污水；贮粪池应加盖并保持四周环境的清洁；填平无用的污水池、水沟、洼地等容易滋生蚊蝇的场所；对贮水池等容器加盖，以防蚊蝇飞入产卵。

2. 化学防治

化学防治即用化学药品（杀虫剂）来杀灭蚊蝇。常用的杀虫剂有：

（1）马拉硫磷　属有机磷杀虫剂。它是世界卫生组织推荐用的室内滞留喷洒杀虫剂。其杀虫作用强而快，杀虫范围广，可杀灭蚊、蝇、蛆、虱等。对人、畜毒害作用小，适于在禽舍内使用。

（2）合成拟除虫菊酯　是一种神经毒药剂，可使蚊蝇等迅速出现神经麻痹而死亡，杀虫力特别强，特别是对蚊的毒效比马拉硫磷、敌敌畏等高 10 倍以上，蝇类使用该杀虫剂不产生耐药性，故可长期使用。

（3）合成的昆虫激素 混合于饲料中喂给家禽，药物经消化道与粪便一起排出，蛆吃了这种药物，不能进一步发育、蜕变，甚至会发生死亡。这样可将蚊蝇杀灭于幼虫阶段，使其不能变为成虫。该药物对家禽健康和生产力均无影响。

3. 物理防治

物理防治即用光、电、声等物理方法捕杀、诱杀或驱逐蚊蝇。我国生产的电气灭蝇灯，在灯的中部安装荧光管，射出对人畜无害而对苍蝇有高度吸引力的紫外线，荧光管的外围有电栅，其上通有将 220V 电压变为 5500V 的 10mA 的电流，当蚊蝇爬经电丝时，则接通电路而被击毙，落于悬吊在灯下的盘中。此外，还有可以发出声波或超声波并能将蚊蝇驱逐的电子驱蚊器，都具有良好的防治效果。

4. 生物防治

生物防治即利用天敌杀灭蚊蝇。如池塘养鱼可利用鱼类治蚊，达到灭蚊目的。另外，应用细菌制剂（如内毒素）来杀灭吸血蚊的幼虫，效果也很好。

（四）消灭鼠害

鼠是人、禽多种传染病的传播媒介，给人、禽健康带来极大危害。鼠还盗食饲料，咬死或咬伤雏禽，污染饲料和饮水，咬坏物品，破坏建筑物，必须采取措施严加防治。其防治方法有：

（1）建筑防鼠 即采取措施，防止鼠类进入建筑物。

（2）器械灭鼠 即利用夹、压、关、卡、扣、翻、粘、淹、电等灭鼠器械灭鼠。

（3）化学灭鼠 即用化学药物来杀灭鼠类。灭鼠的化学药品种类很多，可分为灭鼠剂、熏蒸剂、绝育剂等类型。

（4）草药灭鼠 可用于灭鼠的草药有：狼毒、天南星、山营兰等。

（5）生物灭鼠 即利用鼠类的天敌灭鼠。

（五）噪声控制

控制噪声也是养禽场环境管理的内容。蛋鸡对环境噪声比较敏感，当蛋鸡处在噪声污染的环境中时，轻则使产蛋量下降，异形蛋增多，重则导致蛋鸡产生严重的应激反应，蛋鸡不仅不能产蛋，还会有大批死亡。一般蛋鸡养殖场环境噪声不应超过 60dB。蛋鸡养殖场噪声的主要来源：一是养殖场选址不合理，临近主要交通干线，车辆行驶及喇叭的噪声，或者选址时养殖场周围有其他能产生噪声的工厂；二是养殖场内部饲料加工等机械发出的噪声或场内运输车辆发出的噪声；三是饲养员在蛋鸡舍内操作不规范而发出的噪声；四是有些养鸡场在场内养狗，狗狂吠时产生的噪声；其他原因在养殖场内发出的超过 60dB 的噪声。针对以上产生噪声的原因，蛋鸡养殖场不要忽视噪声污染，要有针对性地一一排除，保证蛋鸡生活环境安静，这样才能充分发挥蛋鸡的生产性能。

（六）养禽场绿化

养禽场的绿化，不仅可以美化场区环境，还可减少污染，改善场区小气候，保护养禽场环境。

1. 改善场区小气候

绿化可明显改善场区的温度、湿度、气流等空气状况。夏季，植物的蒸腾作用、树叶的遮阳，可降低温度、增大空气湿度；冬季，树木可阻挡寒风，减少冷空气的侵袭。

2. 净化空气

减少有害气体、尘埃及细菌含量。植物进行光合作用时，可从空气中吸收二氧化碳并释放出氧气。据试验统计，每公顷阔叶林每天能吸收二氧化碳 1000kg，释放出氧气 730kg，许多植物还能吸收氨，使养禽场空气中的氨浓度降低。据测定，绿化可使养鸡场空气中有害气体含量降低至少 25%。此外，绿化可使场区空气中的臭气减少 50%，尘埃减少 35%～37%，空气中细菌数减少22%～79%。

3. 减弱噪声

植物对噪声具有吸收和反射作用，能使噪声强度降低 25％左右。

4. 防疫、防火

养鸡场四周种植的防护林（绿篱）、场区间种植的隔离林，都可防止人畜任意往来，减少疫病的传播机会；植物枝叶中含有大量水分，有防风隔离作用，可防止火势蔓延。对于绿化良好的养禽场，可适当减少各建筑物之间的防火间距。

（七）鸡场消毒

鸡场消毒是养鸡场卫生防疫工作的重要部分，对预防疫病的发生和蔓延具有重要意义。

1. 环境消毒方法

常用的环境消毒方法有：物理消毒法、化学消毒法及生物学消毒法。

（1）物理消毒法　即利用机械、日晒、火烧、煮沸、超声波等杀灭病原微生物。

（2）化学消毒法　即使用化学消毒剂进行消毒，是应用最广的一种消毒方法。应根据消毒目的和消毒对象的特点，选用合适的消毒剂。消毒剂应性质稳定，无异臭，易溶于水，杀菌范围广，杀菌效果好，对物品无腐蚀性，对人畜无害，在畜产品中无残毒，毒性低，不易燃烧爆炸，使用无危险性，价格低，便于运输，使用方便。

（3）生物学消毒法　常用于粪便和污水的消毒。

2. 环境消毒的具体应用

（1）养禽场和禽舍入口处的消毒　在场、舍入口处常设消毒池，以便进出人员及车辆消毒。消毒池内用麻袋、草席等做成消毒垫，倒入 3％～5％煤酚皂溶液或 10％～20％石灰水或 2％烧碱溶液等消毒液。

（2）禽舍的消毒　对禽舍地面、墙壁，消毒前应将尘埃、垃圾清除干净，然后从 3％～5％煤酚皂溶液、10％～20％漂白粉乳剂或5％澄清液、0.5％过氧乙酸溶液、2％烧碱溶液、3％草木灰液等消毒剂中选其中一种进行喷雾或洗刷；对污染严重的禽舍可先对墙壁、地面用火焰喷灯进行消毒后再用上述消毒液喷雾或洗刷。对禽舍空气，可用紫外线照射或熏蒸方法进行消毒。

（3）运动场地消毒　消毒前先将表层土清理干净，后用10％～20％漂白粉液喷洒，也可用火焰消毒。运动场围栏一般用15％～20％石灰乳涂刷。

（4）饲养设备消毒　将饲养设备（如饲槽、饮水器、笼具等）清洗干净后，用5％煤酚皂溶液、0.5％过氧乙酸溶液或3％烧碱溶液喷洒消毒。

（5）垫料及粪便消毒　可用沼气池厌氧发酵、堆肥发酵等生物学消毒法消毒，也可用漂白粉（1kg粪便加200g漂白粉）等化学消毒剂消毒。

（6）带鸡消毒　鸡体常常携带大量的病原菌，是环境的污染源，必须定期进行消毒。带鸡消毒常选用百毒杀、除菌净、过氧乙酸等对家禽无毒副作用的消毒剂喷雾消毒。一般育雏舍每日带鸡喷雾消毒一次，育成鸡舍每2天一次，产蛋鸡舍每3～5天一次。带鸡消毒不仅可杀灭鸡舍空气中及鸡体表面的病原微生物，而且能沉降舍内飘浮的尘埃，抑制氨气产生和吸附氨气，净化舍内空气。此外，夏季鸡体喷雾消毒还具有降低鸡舍温度的作用。目前，带鸡喷雾消毒已在生产中广泛应用。

第八章　蛋鸡疾病防治

第一节　蛋鸡的保健与防疫

一、蛋鸡的保健

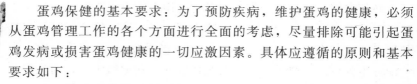

蛋鸡保健的基本要求：为了预防疾病，维护蛋鸡的健康，必须从蛋鸡管理工作的各个方面进行全面的考虑，尽量排除可能引起蛋鸡发病或损害蛋鸡健康的一切应激因素。具体应遵循的原则和基本要求如下：

（1）精选可靠的种源　防止由引入的蛋种鸡带来疫病。引种前必须详细了解该场蛋鸡群的健康状况。应引入种蛋或初生雏，不宜引入育成蛋鸡。

（2）实行"全进全出"制　如因条件所限不能"全进全出"，则每一栋雏鸡舍内，日龄不同的蛋鸡的批次越少越好。

（3）不同类型的蛋鸡舍应分离　如雏鸡舍、育成鸡舍、产蛋鸡舍应分别建在彼此相隔较远的地方，各栋蛋鸡舍之间的距离要尽可能宽些，孵化室更应远离蛋鸡舍。

（4）饲养密度要合理　超密度饲养不仅易造成生长迟缓、饲料转化率低和生产性能低下等，也会加重如啄癖、羽毛蓬乱、歇斯底里（惊恐症），以及其他与应激有关的一些病症的程度。

（5）进舍前消毒　在每批蛋鸡进舍之前，必须先更换垫料，并对蛋鸡舍、设备和用具进行彻底清洁和消毒。

（6）提供优质全价饲料　不用霉烂、酸败或结块的饲料。配合饲料必须严格按照配方的比例，并按规定的方法和时间充分搅拌均匀。

（7）保证饮水的质量　尽量不用河水、塘水等表层水作蛋鸡的饮用水。如一定要用，必须经过沉淀、过滤和消毒处理。

（8）严格按照免疫程序免疫　按时对每群蛋鸡进行疫苗接种。按照控制传染病和内外寄生虫的计划，定期做好预防性投药工作。认真做好灭蝇、灭鼠工作。

（9）尽量谢绝参观　外来人员确有必要进入蛋鸡场时，必须严格进行彻底消毒。参观时仅通过观察窗而不应进入蛋鸡舍。

（10）杜绝市售禽产品进场　住在场内的工作人员除不得外购任何种类的禽产品（应由本场供应自产的产品）外，也不得饲养家禽或其他鸟类。

（11）严格处理病鸡、死鸡　病鸡或死鸡应由专人处理，尽快用密闭的容器从鸡舍中取走剖检后焚尸或深埋。容器应消毒后再用。

二、蛋鸡场卫生防疫制度

① 蛋鸡场一律谢绝参观生产区，非生产人员不得进入生产区。本场的生产和工作人员进入生产区，要更衣、更换胶靴、戴帽，经消毒池消毒后方可进入。车辆进出同样要经过消毒池消毒。消毒池内的消毒液要经常更换，保持有效。冬季应放入适量盐防止结冰。

② 饲养人员要坚守岗位，不得串舍、串棚，所有用具都必须固定在本舍使用，料用和粪用铁锹必须严格分开。

③ 生产区穿戴的衣鞋等均不得穿出区外，用后洗净，并用 $28mL/m^3$ 的福尔马林熏蒸消毒，有疫情时可加大到 $42mL/m^3$。

④ 蛋鸡场不得种高大树木，防止野鸟群集或筑巢。要经常开展灭鼠、灭蚊蝇工作。

⑤ 引种时必须了解当地的疫情和免疫等情况，并要向有关兽医检疫部门报告，种鸡、雏鸡要经检疫。引种后须经隔离观察确认无疫情后才能进场。

⑥ 蛋鸡舍内外要定期清扫、消毒。所有器具（包括饲槽、水槽）必须常清洗消毒。育雏水槽、饲槽每天须清洗消毒1次。

⑦ 蛋鸡舍要按时通风换气，保持空气新鲜，光照和温湿度要适宜，新鸡进舍前都要调试好。

⑧ 加强饲养管理，经常观察鸡群健康状况，做好疫病监测和疫苗接种工作。

三、蛋鸡场的消毒工作

1. 做好消毒工作

（1）环境消毒　第一，整个蛋鸡场环境、道路、鸡舍周围定期用烧碱或次氯酸钠液喷洒消毒，每周1~2次；第二，蛋鸡场周围以及场内污水池、排粪坑、下水道出口，每月用漂白粉消毒1~2次，并保持环境卫生良好，定期做好卫生大扫除；第三，当鸡群周转及淘汰蛋鸡群和蛋鸡场周围有疫情时，要加强对场区环境的突击消毒。

（2）蛋鸡舍、用具消毒　首先冲洗蛋鸡舍，清除鸡粪后，用自来水彻底冲洗墙壁、屋顶、蛋鸡舍内尘土及粪污；其次用烧碱或过氧乙酸等溶液进行喷洒消毒，将整个蛋鸡舍喷湿；最后再封闭蛋鸡舍，用福尔马林熏蒸24h消毒。

（3）孵化厅消毒　第一，整个孵化厅、孵化器、出雏器经冲洗干净后用次氯酸钠或过氧乙酸液喷洒消毒。第二，出雏盒、蛋盘、蛋架用次氯酸钠或新洁尔灭消毒药浸泡或刷拭清洗干净后，再用福尔马林熏蒸1h。第三，种蛋入孵当天及入孵到19天种蛋落盘后，在出雏器内用福尔马林熏蒸半小时。第四，每出一次雏鸡，对所用过的一切器具（如孵化器、出雏器、出雏盒、蛋盘、蛋架、鉴别台等）都进行清洗、喷洒消毒、熏蒸消毒；将蛋壳等废弃物进行深埋、焚烧等无害化处理。

2. 消毒方法

（1）喷洒消毒　用药液杀灭病原微生物。通常用农用各种型号的喷雾器将配制好的消毒液（如烧碱、过氧乙酸等）对鸡舍、道路进行喷洒。

（2）熏蒸消毒　原理是用消毒药经过处理产生气体杀灭病原微生物，常用福尔马林和高锰酸钾。此方法安全、操作方便。熏蒸消毒时要求环境密闭，室温 15～20℃、相对湿度 60%～80% 条件下效果最好。一般鸡舍消毒，每立方米福尔马林用量 36mL、高锰酸钾 18g，熏 24h。

（3）浸泡消毒　将一定比例的消毒液放置在水池或其他合适的容器内，将生产工具、小型设备、器械等放入消毒液中浸泡一定时间，杀灭病原微生物。

（4）物理消毒法　如火焰消毒是用高热将病原微生物杀死。鸡场常用火焰消毒器对空闲鸡舍地面、墙壁、围网等进行火焰喷烧消毒。

（5）生物消毒法　是利用一些生物来杀灭或清除病原微生物。鸡场常将鸡粪、垃圾堆集发酵，对污水进行净化，对环境进行清洁处理，减少污染。

第二节　蛋鸡场免疫接种和疫病扑灭措施

一、免疫的概念

免疫是通过预防接种（通常主要指接种疫苗），使家禽体内产生对某种病原体的特异性抗体，从而获得对其相应疫病的免疫力。定期预防接种是防治家禽传染病的最重要手段。

目前国际上已应用的疫苗有鸡新城疫疫苗、传染性支气管炎疫苗、传染性喉气管炎疫苗、禽痘疫苗、禽脑脊髓炎疫苗、马立克氏病疫苗、传染性法氏囊病疫苗（以上对应疫病均为病毒性传染病）、禽霍乱疫苗等。近年来，鸡霉形体病疫苗已试制成功；用形成孢子的球虫卵囊喂给幼雏（接种的一种形式），也能产生免疫力，可作为防治蛋用种鸡球虫病暴发的一种方法。

二、疫苗常用免疫接种方法

（一）滴鼻与点眼

滴鼻或点眼时，先将疫苗用稀释液稀释好，再用消毒滴管或专用滴鼻滴眼瓶将疫苗滴入鼻内或眼内。在滴鼻时左手握鸡，使一侧鼻孔朝上，右手拿滴管，对准鼻孔滴入疫苗。如果鼻孔不吸入，可用右手小指将另侧鼻孔微微堵住再滴入。点眼，将疫苗点入眼内，也可两侧各点 1 滴。要看到每滴疫苗的确被鸡吸进鼻孔或眼内后再将鸡放开。

（二）皮下、肌内注射

注射器及针头、镊子都要煮沸消毒 15min。肌内注射的部位在胸肌或腿肌肌肉丰满处。胸部肌内注射进针由上至下，顺着胸骨侧，不能将针直下，以免刺入胸腔。皮下注射时，将鸡头颈后皮肤用左手拇指和食指捏起，针头顺着两指中间刺入。

（三）饮水免疫

饮水免疫适用于大群免疫，具有简便易行、不惊扰鸡群的效果。其方法是将疫苗混于水中，鸡群通过饮水而获得免疫。免疫前鸡群应停水，根据季节不同停水时间不同，夏季停水 2h 左右，冬季停水 4h 左右，使鸡产生渴感。饮水免疫最好用深井水或不含漂白粉的水。疫苗稀释好后应迅速喂饮，最好在 1h 内饮完。由于鸡的饮水量有多有少，所以疫苗的用量应加倍，饮水免疫用水量参考：4 日龄至 2 周龄每只鸡 8~10mL，2~4 周龄 12~15mL，4~8 周龄 20mL，8 周龄以上 40mL。

（四）气雾免疫

气雾免疫是将稀释好的疫苗用喷枪喷成雾化粒子，使其均匀地悬浮于空气中，在鸡自然呼吸时，将疫苗吸入体内而达到免疫的目的。气雾免疫一般选择能关闭门窗的鸡舍进行，黎明、傍晚、阴

现代蛋鸡养殖关键技术精解

天、多云时是气雾免疫的良好时机。雏鸡气雾免疫易发生应激反应，最好在1月龄以上鸡群中进行。

三、常用疫苗及其免疫方法

（一）鸡马立克氏病疫苗

鸡马立克氏病火鸡疱疹病毒活疫苗，用于预防鸡马立克氏病，适用于各品种的1日龄雏鸡。接种时按瓶签所标示的羽份数，用马立克氏病疫苗稀释液进行稀释，每羽颈部皮下注射0.2mL。接种后10～14天产生免疫力，免疫期为1.5年。

鸡马立克氏病双价疫苗，用于预防鸡马立克氏病。按标签注明的羽份注入专用的稀释液中稀释疫苗，每羽雏鸡颈部皮下或浅层肌内注射0.2mL。1日龄雏鸡接种1周后产生免疫力，可获终生免疫。

（二）鸡传染性法氏囊病疫苗

鸡传染性法氏囊病中等毒力活疫苗，用于预防雏鸡传染性法氏囊病，可用于各品种的雏鸡。按瓶签注明的羽份用灭菌生理盐水适当稀释，可采用点眼、饮水等途径进行免疫，也可采用颈部皮下或浅层肌内注射。对于母源抗体不明的鸡群，推荐首免时间10～14日龄，间隔2周后进行第二次免疫；对已知母源抗体水平较高的鸡群，推荐首免时间15～20日龄，间隔2周后进行第二次免疫。

传染性法氏囊病灭活油乳剂疫苗，雏鸡采用颈部皮下或胸部浅层肌内注射0.2mL，建议在使用灭活疫苗的同时配合使用雏鸡传染性法氏囊病活疫苗，用于预防鸡传染性法氏囊病。

（三）鸡新城疫疫苗

鸡新城疫Ⅰ系弱毒疫苗，用于预防鸡新城疫，专供已经用鸡新城疫弱毒疫苗（Ⅱ系或Ⅳ系苗）免疫过的2月龄以上的鸡免疫接种用。用前按瓶签注明的羽份用灭菌生理盐水适当稀释，采用皮下或胸部肌内注射0.1mL进行免疫。注射3～4天后可产生免疫力，免疫期为6个月。

鸡新城疫Ⅳ系弱毒疫苗，可预防不同品种不同日龄的鸡新城疫及其他禽类的新城疫。使用时按瓶签注明的羽份用灭菌生理盐水适当稀释，幼鸡可采取饮水、滴鼻、点眼、气雾等方法进行免疫。通常免疫期为3个月。

（四）鸡传染性支气管炎疫苗

鸡传染性支气管炎活疫苗，用于预防鸡传染性支气管炎，其中H120疫苗用于初生雏鸡，H52疫苗专供1月龄以上的鸡使用，初生雏鸡不能使用。用前按瓶签注明羽份用灭菌生理盐水适当稀释，进行滴鼻或饮水免疫（最好采用滴鼻免疫）。免疫后5～8天开始产生免疫力，H120疫苗免疫期2个月；H52疫苗免疫期6个月。

鸡传染性支气管炎油乳剂灭活疫苗，用于预防鸡传染性支气管炎。用时充分摇匀，颈部皮下或胸部肌内注射，30日龄以内的雏鸡每只注射0.3mL，青年鸡、成年鸡每只注射0.5mL。免疫期可达4个月。

鸡肾型呼吸型传染性支气管炎二价活疫苗，可用作预防呼吸型和肾型传染性支气管炎，供21日龄以上的鸡滴鼻或饮水免疫。

（五）鸡传染性喉气管炎疫苗

鸡传染性喉气管炎弱毒疫苗，用于预防鸡传染性喉气管炎。该疫苗一般用于35日龄以上的鸡，用前按瓶签说明用灭菌生理盐水适当稀释，采用点眼免疫，产蛋鸡在产蛋前2～4周加强免疫1次，免疫期约为6个月。

鸡传染性喉气管炎油乳剂灭活疫苗，用于预防鸡传染性喉气管炎，使用时充分摇匀，鸡颈部皮下或胸部肌内注射，30日龄以内的雏鸡每羽0.3mL，青年鸡、成年鸡每羽0.5mL。免疫期可达2～4个月。

（六）其他

① 鸡产蛋下降综合征油乳剂灭活疫苗，用于预防鸡产蛋下降综合征，接种时充分摇匀，蛋鸡或种鸡在产蛋前2～4周胸部肌内注射，每羽0.5mL。免疫期约为6个月。

② 鸡痘鹌鹑化弱毒活疫苗，用于预防20日龄以上鸡的鸡痘，接种时按照瓶签说明用灭菌生理盐水稀释，于鸡翅内侧无血管处皮

下刺种免疫；初次免疫后 2 个月再加强免疫刺种 1 次。接种后 14 天可产生免疫力，免疫期为 2～5 个月。

③ 鸡病毒性关节炎油乳剂灭活疫苗，适用于 2 月龄以上各类型蛋用、肉用种鸡群，预防鸡病毒性关节炎。使用时充分摇匀，颈背部中下 1/3 处皮下注射或胸部肌内注射，鸡每羽 0.5mL。免疫期为 4～6 个月。

四、免疫接种注意事项

① 加强鸡群的饲养管理和隔离消毒工作，健康的鸡群才能获得良好的免疫效果。

② 根据本地疫病情况，选择相应的疫苗，并严格按要求运输保管，注意疫苗的失效期。按照说明书采用合适的免疫方法免疫。

③ 根据本地鸡病流行情况，制定合理的免疫程序，主要包括什么时间接种什么疫苗，剂量多少，采用什么接种方法，间隔多长时间加强免疫等。首先考虑危害严重的常发病，其次是本地特有的疫病。雏鸡首免时间要考虑母源抗体对免疫力的影响，一般母源抗体要降到一定程度才能取得好的免疫效果。还应考虑疫苗间的互相干扰。

④ 工作人员穿工作服，戴工作帽，穿工作鞋，工作前后手应消毒。做好预防接种记录，包括日期、品种、数量、日龄、疫苗名称、生产厂家、批号、生产日期、保存温度、稀释剂和稀释浓度、接种方法等。注射器具要严格消毒，注射部位也应消毒。疫苗要摇匀，用量要准确。

⑤ 疫苗接种期间要停止在饮水中加消毒剂和带鸡消毒。疫苗接种后要保证鸡舍有良好的通风，保持空气新鲜，有足够的饮水。要防止应激反应，可在饮水中加抗应激药（如富道电解多维、速补-14 等）。还可用免疫增强剂，以提高免疫效果。

五、免疫程序

必须根据该地区疫病流行情况和饲养管理水平、疫病防治水平及母源抗体水平的高低来确定使用疫苗的种类、方法、免疫时间和次数等。有条件的鸡场可根据抗体监测水平进行免疫效果确定。参考免疫程序见表8-1。

表8-1　商品蛋鸡主要疫病的免疫程序

日龄	防治疾病	疫苗	接种方法	备注
1 日龄	马立克氏病	HVT 或"841"或 HVT"841"二价苗	颈部皮下注射	在出雏室进行
7～10 日龄	新城疫、传染性支气管炎	新城疫和传染性支气管炎 H120 二联苗	滴鼻、点眼	根据监测结果确定首免日龄
10～14 日龄	马立克氏病	同 1 日龄	同 1 日龄	
	传染性法氏囊病	传染性法氏囊病双价疫苗	饮水	用量加倍
20～24 日龄	鸡痘	鸡痘弱毒苗	翅下接种	
	传染性喉气管炎	传染性喉气管炎弱毒苗	饮水与点眼	疫区使用
25～30 日龄	新城疫、传染性支气管炎	新城疫和传染性支气管炎 H52 二联苗	饮水或肌内、皮下注射	
	传染性法氏囊病	传染性法氏囊病双价疫苗	饮水	用量加倍
50～60 日龄	传染性喉气管炎	传染性喉气管炎弱毒苗	饮水	疫区使用
70～90 日龄	新城疫	克隆 30 或新城疫Ⅳ系	喷雾或饮水	若抗体水平不低可省去此次免疫
110～120 日龄	新城疫	新城疫油苗	肌内或皮下注射	
	传染性支气管炎	传染性支气管炎 H52	饮水	
	产蛋下降综合征	产蛋下降综合征油苗	肌内或皮下注射	
	鸡痘	鸡痘弱毒苗	翅下接种	

　　注：以上免疫程序为建议免疫程序，养殖户应该根据当地疫情适当调整。有条件的鸡场应先测抗体，后免疫。免疫前后三天不消毒，不用抗病毒药。以上免疫疫苗请到正规地方选购。

预防接种时必须根据疫苗的特性和本地区、本场的具体情况，合理地制定各种疫苗接种的家禽日龄、接种的途径、次数和间隔时间，即所谓的"接种方案"，也叫免疫程序。制定免疫程序时应考虑下面一些因素：

1. 当地禽病流行情况

如某一地区未发生过马立克氏病，蛋鸡场所在地比较偏僻，场内卫生防疫制度很严格，则不一定接种这种疫苗；如当地经常发生鸡新城疫，或者是多日龄蛋鸡场曾发生过鸡新城疫，因而受此病的威胁较大，就应早接种鸡新城疫疫苗。

2. 初生雏母源抗体的水平及前一次接种后的残余抗体水平

有些疫（菌）苗由于母源抗体的干扰，不能过早地给雏鸡接种。例如，用鸡新城疫疫苗给免疫母鸡的后代接种时就有类似的情况，母源抗体在雏鸡体内一般能保持 12～18 天。因此，给雏鸡接种上述疫（菌）苗时，要考虑其父母代种鸡是否经过免疫而选择适当的接种日龄。

3. 接种方法

气雾法、点眼法、滴鼻法和注射法，一般比饮水免疫法产生免疫力的时间短，效果也较好。受传染病威胁大的蛋鸡场，应采取能使鸡群尽早产生免疫力的接种方法。

4. 疫苗特点

主要指疫苗引起的反应情况，如新城疫Ⅰ系疫苗（中等毒力的弱毒疫苗）对蛋鸡群产生的副作用较大，反应比较明显，但这种疫苗的免疫性能较好。目前我国大部分鸡场还在继续使用，为减少反应程度，最好不在 40 日龄前或产蛋后使用。

5. 禽群健康状况

患有霉形体病等疾病的鸡群，特别是幼龄鸡群，不宜采用气雾免疫方法，因易诱发鸡霉形体病。如鸡群很大，鸡霉形体病症状不明显，检出率不高，也可在 1 月龄后用弱毒疫苗（鸡新城疫Ⅱ系、Ⅲ系、Ⅳ系苗）气雾免疫，并在饲料中加万分之二的红霉素，以减缓鸡群的呼吸道反应。

6. 家禽的生产方向与饲养期

例如，肉用仔鸡的饲养期仅 6 周左右，一些常在大鸡阶段发生的疫病，一般不会出现。因此，肉用仔鸡的预防接种计划就不同于产蛋鸡和种鸡。同理，产蛋鸡和种鸡虽然在可能发生的疫病的种类上是相同的，但为了保持种蛋孵出的雏鸡有良好的母源抗体水平，种鸡在产蛋期间就需针对某些疫病每 1~2 周进行一次预防接种，而商品蛋鸡则无需进行。

此外，要搞好预防接种还必须保证疫苗优质、效价高。有条件的鸡场应定期抽测鸡群新城疫的抗体水平，以进一步了解疫苗的质量和掌握鸡群的免疫水平。而疫苗的保存、稀释倍数与使用方法则必须严格按供应疫苗的兽医生物药品厂说明书的要求进行。

六、疫病扑灭措施

1. 疫病的发生和传染

疫病的传染，一种是直接接触传染，另一种是间接传染，即通过人、畜、昆虫、饲料、饮水和用具等传染。一般病菌都是由病鸡呼吸道、消化道排出，或由昆虫在鸡身上吸血引出。当病菌脱离病鸡后，常以下列方式传染：

（1）病鸡与健康鸡相互接触　包括病愈的鸡和外表看起来很健康其实带有病菌的鸡，都能够使健康鸡感染。

（2）饮水和饲料以及土壤的传染　病菌被排出体外，污染了饮水或饲料，易感的健康鸡吃后，就有可能被传染得病。因此，平时饮水和饲料都要保持清洁，不使鸡粪粘污。运动场上的小水坑，最易积留污水而增加疫病传染的机会，应填埋。

（3）空气传染　在饲养密度较大和通风不好的鸡舍，空气传染的机会很多，特别是在含氨量高的鸡舍内，空气传染常是呼吸道病的诱因。

（4）昆虫传染　蚊、蝇常是疫病的传播媒介。传染方式：一是吸病鸡血又去吸健康鸡血而传染，二是将病鸡排泄物上的病菌带到饲料和饮水中去。

（5）人、鸟类动物和机械的传染　工作人员、车辆和各种用具，常是疫病传播的主要媒介。各种野生鸟类和老鼠也常是疫病传播的媒介。

（6）尸体传染　病鸡尸体、内脏和羽毛等所接触的用具也带有病菌，健康鸡与之接触就易引起发病。

2. 疫病扑灭措施

一旦鸡场发生疫情，应及时采取扑灭措施。

（1）查明传染来源，了解疫情，及时诊断　当鸡群出现疫病时，立即向饲养员了解疫病经过、发病时间、发病只数、死亡情况，对病鸡作出初步临床诊断，在保证不散毒的情况下，剖检尸体，取出病变组织连同剖检记录一起送检，或者把病鸡或刚死的鸡盛放在严密容器内，快速送有关单位检验。确诊后，立即把疫情报告当地有关部门和上级部门，以便及时通知周围鸡场采取预防措施，防止疫情扩大。

（2）严密封锁，要求做到"早、快、严、小"　也就是及早发现疫情，尽快隔离病鸡，尽快采取极有效措施，把疫区封死、封严，严格执行防疫制度，尽最大努力把疫情控制在最小范围内并迅速扑灭。发病鸡场停止雏鸡和种鸡的进入、出售或外调，须待病鸡痊愈或全部处理完毕，鸡舍、场地和用具经严格消毒后2周再无疫情发生，然后再大消毒1次，才能解除封锁。

（3）隔离鸡舍、病鸡　只限于本场饲养员和指定兽医出入，其他人员一律不得往来。对病鸡采取对症治疗和特效治疗，直到恢复健康。

在鸡群中出现具有疫病特征的病鸡应立即隔离，尽快将出现早期症状的病鸡和可疑病鸡与健康鸡分开，逐一检查，单独护理。

（4）紧急预防和治疗　应给易感鸡群接种特异性菌苗或疫苗，对患病鸡群采取对症治疗，比如采取血清治疗。一般按最后一只鸡治愈后15～20天可宣布疫病流行结束。当确诊为鸡新城疫等烈性传染病时，立即对全场健康鸡群用疫苗进行紧急接种。

（5）妥善处理病死鸡　所有病重的鸡要坚决淘汰，如果可以利用，必须在兽医部门同意的地点，在兽医监督下加工处理，病势较轻的鸡可根据具体情况采用有效方法进行治疗。死鸡的尸体、病鸡的粪便、垫料等，要运到远离鸡舍的地方或运往指定地点烧毁深埋。

第三节　给药途径

给药途径选择的依据是鸡群的大小、药物的理化特性、鸡的机能状态、疾病的类型和发病部位；选择药物的原则是特效或高效、使用方便、安全范围广、对鸡的刺激性小。

一、饮水给药

饮水给药适用于大群给药，即将药物溶于饮水中，通过饮水达到给药的目的。饮水给药应注意以下问题：

① 饮水必须清洁卫生，碱性小。碱性较大的自来水应先"曝气"。

② 饮水给药前，鸡群最好停止饮水 2h 左右。预防性投药不必停水。

③ 严格把握给药剂量［多以每千克饮水含药物的质量（mg）计算］。药物应充分溶解，小剂量药物应先预溶，片剂、丸剂溶解前应充分研磨成粉状，对毒性较大的片剂或丸剂粉末在溶解后应用双层纱布过滤，以免鸡只吞食大颗粒而中毒，如痢特灵片剂等。

④ 夏季应防止某些鸡只过饮而中毒。

⑤ 饮水给药应现配现用，有些药物溶于水中的时间延长会降低疗效或变质，应及时更换药水。

⑥ 不溶或微溶于水的药物不能采用饮水给药的方法，而应改为混饲给药。

二、混饲给药

此法适合大群给药，即将药物均匀地混入饲料中，通过采食而达到给药的目的。混饲给药常用粉剂，尽量不用片剂或丸剂。混饲前应预混，确保药物混合均匀；药物剂量应严格控制，多用mg/kg计算；用药时密切注意鸡的不良反应。此法也适用于预防性给药。

三、气雾给药

气雾给药即将药物溶于水中，用气雾发生器将药物喷入舍内，鸡通过呼吸将药物吸入呼吸道而达到给药的目的。所用药物对呼吸道刺激性要小。此法亦适用于大群给药，主要用于呼吸系统疾病的治疗。气雾给药时应尽量减少通风，雾珠直径应在 $0.5 \sim 5\mu m$ 之间。此法也可用于带鸡消毒或气雾免疫。

四、口投法

此法适用于个体投药，也适用于大群中少数失去采食、饮水能力的鸡只，即将片剂、丸剂、胶囊剂、水剂、粉剂经口投入。

五、滴鼻法

此法既适用于小群鸡只，也适用于大群雏鸡，即将药物按剂量水溶后用滴管从鼻孔滴入鼻腔内而达到给药的目的。给药时，用指肚堵住一侧鼻孔，将药物滴入另一侧鼻孔，鸡吸气时将药物吸入鼻腔内。此法多用于呼吸器官及呼吸道疾病，也广泛用于雏鸡免疫接种。

六、嗉囊注射法

鸡只保定后用针头刺入嗉囊内并推入药液。此法适合个体用药，适用于刺激性较强的药物的投药。用药剂量要准确，操作时应严格消毒。

七、肌内注射法

以上给药方法效果欠佳时可用此法，也适用于个体用药。将吸有药液的注射器针头刺入丰厚的胸肌或腿部肌肉内，推入药液。给药时应注意消毒。大群给药可用连续注射器。注射时应注意手的姿势及连贯动作，即"刺、挑、推"。"刺"即针头刺入肌肉，不可太深入骨、入胸腔、入腹腔；"挑"即挑起针头，感觉针在肌肉内，不可打"飞针"；"推"即推注药液，应注意推入药物的体积。

八、静脉注射法

此法适用于个体用药，一只手保定并压住翅下静脉近心端使其怒张，将小号针头（最好是头皮针）的尖端刺入静脉内，有血液回流后，松开血管，将药液注入。静脉注射法药效迅速、确实，但不易掌握，因而临床上较少使用。

第四节　蛋鸡常见病的防治

一、病毒性传染病

（一）鸡新城疫

鸡新城疫又称亚洲鸡瘟，是鸡的一种接触性、急性、烈性传染病。其主要特征是呼吸困难、下痢、神经机能紊乱、黏膜和浆膜出血，死亡率可高达 90％～100％。

1. 流行特点

本病的主要传染源为病鸡和带毒鸡，病鸡从症状出现前 24h 至症状消失的 5～7 天内，均可从其口、鼻分泌物和排泄物中排泄出大量病毒，经被污染的饲料、饮水和环境或者人及其他动物的活动而传播给健康鸡。鸟类在本病传播中的作用不可忽视。该病传播途径主要是呼吸道和消化道。病毒能否经胚胎垂直传播尚无定论，但被感染的蛋若入孵，则多数胚胎在出壳前死亡。

本病一年四季均可发生，但以春、秋季节多发，自然感染和潜伏期为 2～15 天不等，平均为 5～6 天。易感鸡群一旦感染发病，可迅速传播，呈毁灭性流行，发病率和死亡率高达 90% 以上。

2. 临床症状

在自然条件下，本病潜伏期一般为 3～5 天。根据发病程度，可分为下列 3 种类型：

（1）最急性型　病程极短，病鸡突然倒地挣扎，迅速死亡，多见于雏鸡。成年鸡常死于夜间，早晨被发现。这样发病死亡的一般只是个别鸡，虽然算作一种类型，但通常不是孤立出现的，而是全群鸡即将发病的先兆。

（2）急性型　发病初期，病鸡精神委顿，食欲减退或废绝。羽毛蓬松，离群，头缩在翅下，蹲伏于一隅。病鸡口腔或鼻腔有较多的黏液，引起呼吸困难，常有伸颈、张口呼吸和摇头动作，并发出"咯咯"的叫声。嗉囊膨胀，其内充满酸臭液体，将鸡倒提时由口内流出黄色或白色的很臭的黏稠液体。鸡冠呈红紫或黑紫色，眼紧闭，结膜潮红，体温高达 43.3～44.4℃。拉稀，粪便呈黄绿色或黄白色，病后期排出蛋清样排泄物。雏鸡病程短，并且症状不明显，死亡率高。

（3）亚急性和慢性型　多发于疾病流行后期，发病初期症状与急性型基本相同。病程稍长时出现各种神经症状。病鸡表现兴奋，头颈向后或向一侧扭转，动作失调，原地转圈、倒退或头颈后仰呈"观星"姿势，一只腿或两只腿瘫痪，不能站立，翅膀也发生麻痹，多数逐渐消瘦至死亡。

3. 剖检变化

病鸡的病理变化主要是广泛性出血。腺胃乳头或乳头间点状出血，有时形成小的溃疡斑，从腺胃乳头中可挤出豆渣样物；肌胃角质层下有点状、斑状出血；十二指肠及整个小肠黏膜呈点状、片状或弥漫性出血；泄殖腔黏膜弥漫性出血；脑膜充血或出血。以上病变较有特征性。其他病变还有气管黏膜充血、出血，肺淤血，心冠脂肪点状出血，有的卵泡破裂使腹腔内有蛋黄浆，胸腺肿大并有小点出血，盲肠扁桃体肿胀出血、坏死，口腔及咽喉蓄有黏液，嗉囊蓄积酸臭液体等。肝、肾、脾一般无明显病变。

4. 鉴别诊断

本病在临床上与多种病有相似之处，容易混淆。必须抓住主要的不同点予以区别，以防误诊，现分述如下：

（1）与鸡伤寒的区别　鸡伤寒病变为肝肿大，呈古铜色，而腺胃无明显出血变化，也不见口鼻流黏液、嗉囊蓄积多量酸臭液体以及神经症状，此外，鸡伤寒有多种有效的治疗药物（如抗生素等）。

（2）与传染性支气管炎的区别　传染性支气管炎（传支）减蛋幅度大，畸形蛋多而严重，病鸡卵泡充血或部分萎缩变形，输卵管缩短、肥厚、粗糙、充血或坏死，主要侵害4周龄的雏鸡，气管、鼻道和窦内有浆液性、卡他性渗出物或干酪样物。

（3）与禽霍乱的区别　禽霍乱侵害各种家禽，鸡以性成熟后易感性高，多为急性型，死亡率高。尤其多见肝肿，具有灰白色坏死小点；肝、脾、心血涂片可见有两极染色的巴氏杆菌。抗生素等多种药物对禽霍乱有疗效。

（4）与传染性喉气管炎的区别　传染性喉气管炎（传喉）主要侵害成年鸡，突出表现为张口呼吸，喉头、气管出现有伪膜和干酪样物，常咳出带血黏液。

（5）与慢性呼吸道病的区别　慢性呼吸道病（慢呼）呈慢性经过，死亡率低，抗生素对该病有疗效。剖检变化主要为气囊变化：气囊浑浊，囊腔有炎性渗出物或干酪样物。

（6）与传染性鼻炎的区别　传染性鼻炎（传鼻）主要侵害8～12周龄的鸡，多呈急性经过，眼、鼻有炎性分泌物，鼻孔周围和结膜囊内有恶臭的干酪样物，面部、肉髯肿胀，抗生素和其他药物对该病有疗效。

（7）与曲霉菌病的区别　曲霉菌病多发于育雏期，病鸡肺与气囊内有灰白色或灰黄色小结节，压片镜检多见霉菌丝和孢子，制霉菌素和碘化钾对此病有疗效。

5. 防治措施

目前本病无满意治疗方法，在早期注射高免血清制剂效果较好。除搞好常规兽医卫生防疫措施外，还要认真搞好免疫接种。

现代蛋鸡养殖关键技术精解

（1）免疫程序　免疫程序要根据所用疫苗决定。雏鸡接种弱毒苗，为避免母源抗体的干扰，首免宜于 10～14 日龄进行。蛋鸡在开产前，务必使其获得强的免疫力，以维持到产蛋末期。以下几种免疫方案可供参考：

一是 10～14 日龄Ⅳ系疫苗饮水或滴鼻；30～35 日龄Ⅳ系疫苗第二次饮水或滴鼻；65 日龄Ⅰ系苗肌内注射；135 日龄新城疫油苗肌内注射。

二是 10～14 日龄Ⅳ系疫苗饮水；30～35 日龄Ⅳ系疫苗第二次饮水；以后每 2 个月左右用Ⅳ系疫苗饮水 1 次，直至饲养期结束。

三是 1～2 日龄新城疫油苗皮下注射，郁系苗滴鼻或点眼；75 日龄前后Ⅳ系疫苗饮水或Ⅰ系苗肌内注射；135 日龄Ⅰ系苗肌内注射。

（2）发生新城疫时的紧急免疫　当鸡群发生新城疫时，应选用适当疫苗进行紧急免疫，对于比较大的鸡，尤其是成年鸡来说，具有很好的效果，除病重鸡会更快死亡外，未发病的大多数可免于发病，轻病鸡也有一部分可免于死亡。但 2 月龄以下的鸡发病时，紧急免疫的效果较差，而且日龄越小，效果越差。2 月龄以上的鸡，紧急免疫用Ⅰ系苗，2 倍量肌内注射，也可用Ⅳ系苗，5 倍量肌内注射。最好用新城疫油苗，2 倍量肌内注射，同时用Ⅳ系或 C30-86 苗饮水或滴鼻。1～2 月龄的鸡，紧急免疫最好用Ⅳ系苗 3 倍量肌内注射或饮水。1 月龄以下的雏鸡，可试用新城疫油苗，每只皮下注射 0.5mL，也可用高效价高免血清，皮下注射治疗。

（二）禽流感

禽流行性感冒简称禽流感，是由 A 型流感病毒引起的禽类的一种急性传染病。禽流感在鸡群中发病的严重程度变化不一，从无症状带毒到温和型的呼吸道感染再到 95% 以上的高致病性禽流感，发病情况多种多样，症状范围很广。高致病性禽流感传播迅速，病程短，病死率高，一旦传入便可造成巨大的经济损失。

1. 流行病学

本病发生于气候突变的晚秋、早春及寒冷的季节。另外，阴雨、潮湿、贼风、寒冷、拥挤、营养不良、寄生虫感染等因素可促进本病的发生。候鸟、散禽、水禽等携带病毒迁徙可能是禽流感世界流行的主要原因。本病可通过呼吸道、皮肤损伤和结膜感染。病禽尸体，被排泄物、分泌物污染的禽舍、场地、用具、饮水和饲料，疫病潜伏期及病愈鸡只等是重要的传染源。

2. 临床症状

本病潜伏期几小时到3周，临床类型常见的有两种：

（1）高致病性禽流感 突然发生，大批急性死亡。病鸡体温升高，精神委顿，扎堆，羽毛逆立，采食减少或不吃。头部和颈部浮肿；冠和肉垂边缘有紫黑色斑点；爪部鳞片下出血。咳嗽，呼吸困难，啰音。腹泻，排白绿色粪便。神经机能紊乱，头向后扭转或呈"观星"状。蛋鸡产蛋量急剧下降或停止。

（2）低致病性禽流感 呈现无症状的隐性感染或轻微的呼吸道症状，产蛋率下降 $5\%\sim50\%$，粗壳蛋、软壳蛋、褪色蛋增多，死亡率 $5\%\sim15\%$。

病变为全身皮下，尤其头部皮下有胶样浸润；气管、支气管黏膜充血、出血；腺胃乳头出血；肾肿大，积有尿酸盐；肝、脾肿大、出血。育成鸡或成年鸡的生殖系统病变严重，主要表现为卵黄性腹膜炎，卵泡膜出血，严重者卵黄变黑、变形、破裂，输卵管子宫部形成米粒大的水肿。

3. 防治措施

目前本病尚无有效的防治药物。

① 坚持"自繁自养"原则。

② 严格进行引种检疫。引种时要认真调查当地禽流感发生和防治情况，并对要引种鸡群进行检疫，办理检疫合格证明。引进后在隔离舍饲养21天以上，确认健康后方可进入生产鸡舍。不得从疫区调入禽类及其产品。

③ 加强养禽场管理和卫生防疫制度。避免家禽和野生鸟禽类进入饲养区，有健全的灭鼠措施。谢绝参观访问。

④ 搞好普查和监测。所有养禽场每半年至少监测一次。通过

普查监测，可准确掌握疫情动态，及时作出流行预测，保证各项预防措施落实；及时发现禽流感阳性鸡并对其进行监控和扑杀，可迅速扑灭疫情，防止疫情扩散蔓延。

⑤ 免疫接种。所用疫苗为灭活苗。以产蛋鸡发病为主的地区，可在 20～30 日龄首免，120～140 日龄二免。种鸡及禽流感高发地区，还可在 300 日龄三免。

4. 发生高致病性禽流感时的处理措施

（1）快报疫情并确诊　发现疑似高致病性禽流感疫情时，养禽户立即将病鸡隔离，限制其移动，并立即报告当地兽医防疫部门进行调查确诊。

（2）划分疫点、疫区和受威胁区

① 疫点　一般是指病鸡群所在的鸡场，如为农村散养，则病鸡群所在的自然村为疫点。

② 疫区　指以疫点为中心，半径 3～5km 范围内的区域。

③ 受威胁区　指疫区外延 5～30km 范围内的区域。

（3）封锁疫点或疫区　对疫点或疫区采取必要的封锁防治措施。

（4）疫点内采取的措施　出入口设立消毒设施。严禁人、禽、车辆进出和禽类产品及可能受污染的物品运出。对疫点及周围 3km 范围内所有的禽只进行扑杀。对所有病死禽、被扑杀禽及其禽类产品（包括禽肉、蛋、羽、绒、内脏、骨、血等）以及禽类排泄物和被污染或可能被污染的垫料、饲料等物品均须进行无害化处理。对禽类尸体需要运送时，应使用防漏容器。对疫点内禽舍、场地以及所有运载工具、饲管用具等用烧碱、强力消毒灵等消毒剂进行彻底消毒。

（5）疫区内采取的措施　交通要道设立动物防疫监督检查站，派专人监视动物和动物产品的流动，对进出人员、车辆须进行消毒。停止疫区内禽类及其产品的交易和移动。对疫区内其他未发病禽群进行紧急免疫接种。

（6）受威胁区采取的措施　对所有易感禽类进行紧急免疫接

种。对免疫接种的禽群及其养禽场（户）做好登记，建立免疫档案。

（7）解除封锁　在最后一只禽只扑杀后经过21天，无新的疫情发生，在兽医防疫部门的监督指导下，对有关场所和物品进行彻底消毒后解除封锁。

（8）疫情监测　疫区解除封锁后，要继续对该区域进行疫情监测，6个月后如未发现新的病例，即可宣布该次疫情被扑灭。

（三）鸡痘

鸡痘是鸡的一种高度接触性病毒性传染病。其主要特征为无毛部皮肤发生增生性病变，形成肿疣样病变，口腔、咽喉黏膜形成纤维性坏死假膜。

1. 流行特点

本病不同年龄、性别和品种的鸡都能感染，雏鸡最为严重，一年四季均可发生，但秋冬季最常流行。鸡痘的传染主要是某些吸血昆虫（特别是蚊虫）通过皮肤和黏膜伤口传播病毒。

2. 临床症状

鸡痘是鸡的一种高度传染性疾病。本病潜伏期为3～8天，根据患病部位不同，临床上分为皮肤型、黏膜型和混合型。

（1）皮肤型　其特征是在身体的无毛部分，特别是鸡冠、肉髯、眼皮、嘴角等处在感染后5～6天形成一种白色水疱样的小丘疹，突出于皮肤表面，这种小丘疹很快变成结痂，痂皮脱落后形成斑痕。但严重的病鸡尤其是幼雏，精神高度萎靡，食欲废绝，身体消瘦。有的因痘生于口角、眼睑而影响采食和视力，最后饥渴而死。

（2）黏膜型　也叫白喉型，病变主要在口腔和咽喉部分。黏膜上生成一种黄白色的小斑点，继而汇合成黄白色隆起的伪膜，不易剥离，并不断地增生导致呼吸和吞咽发生困难。严重时病鸡窒息而死。重病鸡眼结膜发炎，眼部肿大，口角不能闭合，张口呼吸。本型危害性较大。

（3）混合型　皮肤型与黏膜型同时出现，且病情较严重，死亡率也较高。

3. 剖检变化

肉眼可见的病理变化与临床所见相同。黏膜病变可蔓延至气管、食道和胃肠道。

4. 防治措施

目前本病尚无特效疗法。一般根据病情对症采取方法。对于皮肤型，用镊子将痘疹剥离下来，在伤口上涂擦碘酊。对于黏膜型，用小刀和镊子小心地将伪膜刮下来，在伤口处涂擦碘甘油。如眼部肿胀发炎，可用2‰硼酸溶液冲洗。

对本病有效预防方法是接种鸡痘弱毒疫苗，适用于初生雏和不同年龄的鸡。接种方法：在雏鸡7～10日龄接种鸡新城疫疫苗的同时，用洁净钢笔尖或大号缝纫针等，蘸取疫苗在鸡翅膀内侧无血管毛皮处刺种。7～9天后进行检查，如果刺种部位形成棕色丘疹，说明接种成功；如没有棕色丘疹，说明接种没有成功，需要再接种。接种后的免疫期约为4个月。

（四）马立克氏病

马立克氏病是一种常见的病毒性传染病，引起鸡的所有器官、组织生成肿瘤，造成急性死亡、消瘦或肢体麻痹，对鸡危害较大。

1. 流行特点

鸡年龄越小易感性越高，1日龄雏鸡最易感染。病鸡和带毒鸡是主要传染源，鸡受感染后，大多数组织器官（如血液和肿瘤细胞）几乎终生携带病毒。病鸡及带毒鸡的羽毛囊上皮能产生大量具有囊膜的完全病毒，并可脱离细胞排出于外界，污染周围环境。因此，脱落的角化毛囊、上皮、毛屑和鸡舍中的灰尘是重要的传染媒介。此外，病鸡和带毒鸡的分泌物和排泄物（如唾液、鼻液和粪便）也有传染性。

2. 临床症状

本病根据发病的部位不同，可分为内脏型、神经型、眼型、皮肤型和腺胃型等。其中内脏型为急性型，其他各型均为慢性型。

（1）内脏型　可见病鸡呆立，精神不振，羽毛散乱，不爱走路，常蹲在墙角，缩颈，脸色苍白，拉绿色稀粪，很快死亡。也有的病鸡无明显症状而突然死亡。

（2）神经型　由于病原侵害部位不同，产生不同症状。主要特征是运动障碍，先是一只脚或两只脚发生不完全麻痹，不能行走，伏卧于舍内。有的出现翅膀和头下垂或头颈歪斜、嗉囊扩大、呼吸困难等症状。早期较易看到的症状是运动失调和步态异常，一只脚向前，一只脚向后呈劈跨姿势。

（3）眼型　病鸡一侧或两侧眼睛失明。失明前多不见炎性肿胀，仔细检查时病鸡眼睛的瞳孔边缘呈不整齐的锯齿状，并见眼球缩小如"鱼眼"。在发病初期尚未失明就可见以上情况。

（4）皮肤型　病鸡脱毛后可见体表毛囊腔形成结节及小的肿瘤状物，在颈部、翅膀、大腿外侧较为多见。

（5）腺胃型　病鸡精神委顿，消瘦如柴，腿瘫卧地，交替排黄色、白色、绿色粪便，最后衰竭死亡。

3. 剖检变化

病理变化最常见于外周神经和内脏，受侵害的神经呈局限性增粗，有时也呈弥漫性增粗，比正常的增粗2～3倍，呈灰白或灰黄色，横纹消失，有时呈水肿状。病变多发生于一侧，与对侧相比易于观察。最常受侵害的神经有坐骨神经丛、臂神经丛、腹腔神经丛和肠系膜神经丛。

内脏器官中最常受害的是性腺，尤其是卵巢，其次是肾、脾、肝、心、肺、胰、肠系膜、肠道、肌肉等组织。在这些组织中出现灰白色的淋巴细胞性肿瘤，质地坚硬而致密，若与原有组织相间存在，则整个组织呈大理石样花纹，呈弥散性增厚。

皮肤病变与毛囊有关，不仅限于毛囊，有时可融合在一起，在拔了毛的尸体上更明显，呈灰白色的结节或瘤状物，有时呈淡褐色的痂皮。

腺胃型通常是肿瘤组织浸润在整个腺胃壁中，使胃壁增厚2～3倍，腺胃外观较大、较硬。剪开腺胃，可见黏膜潮红，有时局部溃烂；腺胃乳头变大，顶端溃烂。除腺胃有病变外，其他脏器以及组织均无变化。近年临床诊治中这种情况所见颇多，故单列一型。

4. 防治措施

目前本病尚无有效疗法，平时应加强饲养管理，以增强蛋鸡体质和抗病能力。以防疫接种并配合严格消毒才能控制本病。其具体措施是：

① 严格检疫，发现病鸡立即淘汰，彻底消灭传染源，严格实行消毒制度。

② 幼雏易感马立克氏病，不能将成年鸡、雏鸡混合饲养。

③ 孵出的雏鸡在 24h 内，用火鸡疱疹病毒双价疫苗（R 型和Ⅲ型）进行接种，疫苗必须现配现用，低温保存。

（五）传染性法氏囊病

传染性法氏囊病病毒主要侵害法氏囊等组织器官，临床上以法氏囊肿胀、出血或萎缩，腺胃、肌胃交界处和胸、腿肌块状或条纹状出血为特征。该病发病急，感染率高，病程短，死亡率较高。

1. 流行特点

各种品种、年龄、性别的鸡均易感，以 3～6 周龄发病率最高，少数 10 日龄内或 140 日龄亦可发病。本病一年四季均可发生。病毒主要经消化道侵入鸡体，潜伏期 2～3 天，病程 6～10 天不等。发病率 30%～100%，死亡率 20%～30%，混合感染死亡率 40%～70%。单发性传染性法氏囊病具有较稳定的死亡曲线：第二天开始死亡，第三天为死亡高峰，之后逐渐下降，一周后停止死亡。传染性法氏囊病最主要的危害是造成鸡只出现免疫功能低下或免疫抑制，降低对疫苗的应答反应能力，使患病鸡极易并发或继发其他疫病。

2. 临床症状

感染后 2～3 天，雏鸡群突然大批发病，迅速传播，在 2～3 天内可使 60%～70% 的雏鸡发病，很快波及全群。发病早期的病鸡，自啄肛门周围的羽毛，随后发生下痢，排出白色或水样稀便。随着病程的发展，以后表现出食欲减退、精神沉郁、羽毛松乱、缩颈卧地、畏寒发抖、步态不稳、脱水、体温升高、法氏囊肿大而使肛门上方明显突出等症状。急性者 1～2 天多因极度衰竭而死亡，发病后 3～4 天死亡率最高，死亡呈尖峰形曲线，高峰过后迅速恢复，鸡群的流行期 10 天左右，一般没有后遗症。

3. 剖检变化

自发病后法氏囊开始肿胀，一般在第 4 天肿至最大，为原来的 1～2 倍，囊的外面有淡黄色胶冻样渗出物，纵行条纹变得明显，囊内黏膜水肿、充血、出血、坏死。法氏囊腔蓄有奶油样或棕色果酱样渗出物。重病病例法氏囊因大量出血，外观呈紫黑色，质脆，囊内充满血凝块。发病后第 5 天法氏囊开始萎缩，第 8 天以后仅为原来的 1/3 左右。胸、腿肌肉有条片状出血斑，胸肌颜色变淡。腺胃黏膜充血、潮红，腺胃与肌胃交界处的黏膜有出血斑点，排列略呈带状。腺胃乳头无出血点，如有则要考虑并发新城疫。病后期肾脏肿胀、苍白，肾小管和输尿管扩张，蓄积尿酸盐。肝呈土黄色，个别肺出血。10 日龄左右雏鸡发病，病变主要见于法氏囊肿大，囊内有炎性渗出物。

4. 防治措施

目前本病尚无有效治疗药物，以预防为主。首先要认真加强饲养管理及卫生防疫等综合性防治措施，特别要重视现场消毒工作。其次做好免疫接种工作，雏鸡采用弱毒苗，但使用时要注意根据雏鸡母源抗体水平不同而采用毒力不同的疫苗。种鸡在 18～20 周龄时接种灭活苗，皮下注射，可保护接种母鸡的后代具有母源抗体，使其后代在 21～28 日龄易感期不受感染。在本病污染场应用法氏囊组织灭活苗和高免血清（或高免鸡卵黄抗体），可有效控制本病的重复暴发和流行。

（六）传染性支气管炎

传染性支气管炎是一种由病毒引起的急性、高度接触性传染病。其主要特征是气管炎和支气管炎，表现为喘气、咳嗽、流鼻液、产蛋率显著下降、产畸形蛋。

1. 流行特点

本病潜伏期为 1～7 天，平均为 3 天。各种年龄的鸡都可发病，雏鸡发病最为严重。本病主要通过呼吸道排出病毒，经空气飞沫传染。易感鸡若与病鸡同舍饲喂，48h即出现症状，迅速波及全群。

2. 临床症状

病鸡表现伸头，张嘴呼吸，咳嗽，流鼻液、眼泪，面部浮肿，5～6周龄以上鸡发病时气管出现啰音并伴有咳嗽和气喘。产蛋鸡产蛋量下降，产软壳蛋、畸形蛋或蛋壳粗糙。蛋质变差，蛋白稀，呈水样，频频排出水样粪便为本病特征。本病死亡率一般较低，如果发生肾炎型变化，往往引起死亡。

3. 剖检变化

呼吸道病变包括气管和支气管内有黏液样的分泌物，一般无出血。青年鸡气管内可见干酪样栓塞。气囊增厚、浑浊。肾脏致病毒株可引起肾脏肿胀、苍白，伴有肾小管和输尿管内尿酸盐沉积和扩张。鸡的尿石病与病毒感染及某些饲料因素有关。

4. 防治措施

（1）预防　免疫接种是预防鸡传染性支气管炎最有效的措施之一，主要通过点眼、饮水、滴鼻以及鸡胚注射等方式进行接种。由于点眼和滴鼻方式的免疫效果最好，因此养殖户多以这两种接种方式为主，基本上能够避免鸡传染性气管炎的发生。接种时，根据鸡龄不同，接种不同型号的疫苗，一般14日龄雏鸡使用H120弱毒疫苗，而8～10周龄使用H52弱毒疫苗。

（2）治疗　用绿消炎宝治疗（剂量为每千克体重0.5mL，用水稀释，拌料投喂或饮用，每日2次，连用2天），疗效达94%以上。一般用药2～4次即可治愈。另外是采取预防措施，注意育雏室保温，防止密度过大；对病鸡严格隔离，重病鸡早期淘汰。可采用接种鸡胚化弱毒疫苗，用饮水、喷雾方法接种。

（七）传染性喉气管炎

传染性喉气管炎是由病毒引起的一种急性传染病，以显著的呼吸困难、咳嗽、喘气和咳出带血的渗出物为特征，喉头和气管黏膜肿胀形成糜烂。此病传播速度快，而且死亡率高。

1．流行特点

鸡是喉气管炎病毒的主要自然宿主，各种日龄鸡对其均易感，最常发生于 3～9 月龄的鸡。呼吸道和眼是喉气管炎病毒自然感染的门户，也可通过接触感染。急性感染鸡向易感鸡的传播能力胜过临诊康复鸡，临诊康复鸡和疫苗接种鸡长期带毒，并向外界不断排毒，感染发生后 107 天尚可在 2/3 的临诊康复鸡中检测到病毒，最长带毒时间可达 741 天。由于带毒鸡长期存在，本病很难根除。未发现喉气管炎病毒经卵传递。

2．临床症状

本病自然感染潜伏期为 6～12 天。急性感染的严重病例发病突然，传播迅速，发病率可达 90％～100％。本病特征性症状是呼吸困难，可见伸颈张口呼吸的特殊姿态，鼻孔流出分泌物，有湿性呼吸啰音和咳嗽，咳出的分泌物带血。在鸡舍墙壁、鸡笼、鸡喙或鸡背羽毛等处可见到血痕，一些鸡在张口喘气时发出鸣哨声。患鸡精神沉郁，临床发病后 3～4 天开始死亡，死亡率因毒株的毒力不同而差异较大，为 5％～70％，平均为 10％～20％，存活鸡 10～14 天恢复正常。蛋鸡患病后产蛋率下降 35％。慢性感染病例则症状较轻，一般见不到咯血，主要表现轻微咳嗽，啰音和流泪，鼻孔流出浆液性分泌物，眶下窦和眼结膜肿胀；有时见到眼睑粘连、失明；有时气管或喉头形成伪膜或干酪样炎性分泌物塞子，造成呼吸困难乃至窒息死亡。产蛋率暂时下降。在无继发和并发感染时，死亡率很低，一般为 0.1％～2％。

3．剖检变化

主要病变见于气管和喉部组织。病初该处组织呈黏液性炎症，至后期发生黏膜变化，坏死和出血，常盖有黄白色纤维性干酪样伪膜。炎症可以蔓延到支气管、肺和气囊，也能上行到眶下窦。在慢性病例中，仅仅可以见到眼结膜和窦内上皮的水肿和充血。

4．防治措施

病毒不经卵垂直感染，不随空气传播，自然条件可使病毒致弱，一般消毒剂对其有效。因而，清洁卫生和定期消毒是防治本病的一种有效方法。另外是接种疫苗。①强毒苗，用小棉签或毛刷将疫苗涂于泄殖腔黏膜上，绝不可采用其他方法接种。如泄殖腔黏膜在 4 天之后红肿即表明接种成功。此强毒苗不应推广使用。②弱毒苗，采用滴鼻或点眼接种，保护期可达 15～20 周。使用抗生素药物防治并发或继发感染，减少死亡。

（八）产蛋下降综合征

产蛋下降综合征又称减蛋综合征，是一种能使商品产蛋鸡和种母鸡产蛋率下降的病毒性传染病。

1. 流行特点

本病的主要易感动物是鸡。病毒的自然宿主是鸭或野鸭。不同品系的鸡对产蛋下降综合征的易感性有差异，26～35 周龄的所有品系的鸡都可感染，尤其是产褐壳蛋的肉用鸡和种母鸡最易感染，产白壳蛋的母鸡患病率较低。任何日龄的肉鸡和蛋鸡均可感染。幼鸡感染后不表现任何临床症状，血清中也查不出抗体，只有到开产以后，血清才转为阳性。成年鸡组织中带毒大约 3 周，粪便大约 1 周。本病的流行特点是：病毒的毒力在性成熟前的鸡体内不表现出来，产蛋初期的应激反应致使病毒活化而使产蛋鸡患病。6～8 月龄母鸡处于发病高峰。

产蛋下降综合征病毒既可水平传播，又可垂直传播。水平传播通常较慢，并且不连续。鸡可因啄食被感染鸡所产的蛋而被感染。畸形蛋，特别是薄壳蛋易破碎。被感染鸡可通过种蛋和种公鸡的精液垂直传递。病毒主要在母鸡的生殖系统繁殖，经喉头和粪便排毒。人工感染后 7 天蛋壳颜色变淡，9 天后出现软壳蛋和无壳蛋。

2. 临床症状

产蛋下降综合征的典型症状是：病初产异常蛋，蛋壳颜色变白、无壳或软壳或畸形。蛋壳表面粗糙，呈砂纸样，极易破损。全群产蛋量下降可达 50％以上，即使到病愈后再也恢复不到标准的产蛋曲线。发病鸡除产蛋异常外一般不出现死亡。由母体垂直感染的鸡，多在产蛋率 50％至高峰期之间（也就是在 28～32 周龄）发病。病鸡一般无特征性临床症状，但有时会出现厌食、腹泻和贫血等病症。发病鸡所产蛋受精率一般正常，但孵化率下降，死胎率增至 10%～12%。大多数学者认为该病对鸡生长无明显影响。

3. 剖检变化

剖检病理变化不明显，少数病鸡卵巢出血或萎缩，有的出现输卵管黏膜水肿或肥厚。组织学检查，可见输卵管腺样组织萎缩，皱襞水肿。

4. 防治措施

（1）预防　在鸡 17～20 周龄时接种产蛋下降综合征油乳剂灭活苗，免疫期一般为一年。产蛋下降综合征污染的鸡群必须进行清群及免疫接种。免疫程序为：开产前 4～10 周进行初次接种，隔两周后再接种一次，另外，对产蛋下降期所产蛋及异常蛋不能留作种用，防止垂直传播。

（2）治疗　发病后用产蛋下降综合征佐苗紧急免疫，肌内注射 1mL/只，用增蛋散拌料；注射产蛋下降综合征高免卵黄抗体液。

二、细菌性与真菌性传染病

（一）鸡白痢

鸡白痢是由鸡白痢沙门氏菌引起的一种极常见的各种年龄鸡均可发生的一种传染病。初生雏鸡的发病率和死亡率都很高，特别是 2 周龄以内的雏鸡死亡最多，病雏鸡以白痢为特征。成年鸡多为慢性局部感染，一般不表现明显的临床症状。病原菌为卵圆形小杆菌，无荚膜，无芽孢，革兰氏染色阴性，为一种条件性致病菌，当机体抵抗力降低时即可发病，对外界抵抗力不强，高温和常规消毒药均可将其杀死。

1. 流行特点

各品种鸡均有高度易感性，不同年龄的鸡发病率、死亡率差异明显。主要是 2～3 周龄内的雏鸡呈现急性败血症，4～7 周龄呈亚急性，随着日龄的增加，鸡的抵抗力增强，成年鸡呈现隐性或慢性特征。病鸡和带菌鸡是主要传染源。本病既可垂直传播，也可水平传播。经卵垂直传播是最主要的传播方式，因种鸡为隐性带菌者，其所产的种蛋约有 1/3 带菌。带菌种蛋入孵后，有的在胚胎期死亡，有的孵出弱雏，有的出壳后雏鸡于 10 日内发生鸡白痢。水平传播可以在孵化器内感染。病雏鸡经过胎粪、绒毛、蛋壳内的沙门氏菌经呼吸道和消化道传染给其他雏鸡；也可通过病鸡和带菌鸡排泄物（含有的大量病原菌）污染饲料、饮水、用具等，再经消化道传染，带菌的飞沫、尘埃可经呼吸道吸入感染，也可通过带菌的公鸡交配而传染给母鸡。被病鸡污染的孵化器和育雏器常是初生雏鸡感染的重要传播媒介。

鸡舍通风不良、鸡群密度过大、饲料品质差、采食或饮水不足、环境卫生太差等降低抵抗力的因素均能促进本病的发生。

2. 临床症状

本病临床症状通常分败血型、白痢型、慢性型和隐性型。

（1）雏鸡　多发生败血型和白痢型。在卵内感染者，常出现死胚或不能出壳的弱雏，有的一出壳即死亡。一般在出壳后 3～7 天发病增多，开始死亡，7～15 日龄为发病死亡高峰，2 周龄后逐渐减少。最急性者，无症状迅速死亡；稍慢者，病雏鸡表现羽毛蓬松，怕冷挤堆，精神沉郁，呈打瞌睡状，尾翅下垂，食欲减退或拒食，渴欲增加，生长发育不良。呼吸困难而急促，其后腹部快速地一收一缩即呼吸困难的表现。典型症状是粪便呈白色糨糊样，粘连于肛门周围，干后结成石灰样硬块堵塞肛门，俗称"糊腚眼"，因排粪困难而发出"吱吱"的尖叫声。死亡率一般达 50%～90%，3 周龄以上死亡极少。

（2）成鸡　多无明显症状，常呈慢性和隐性感染。病原菌主要寄生于卵巢或睾丸中。母鸡卵巢机能下降，产蛋减少或停止，孵化率低，无精蛋和死胚蛋增加，偶尔发生死亡。有的病鸡因卵黄性腹膜炎，呈现垂腹现象。公鸡睾丸萎缩，使种蛋的受精率降低。

3. 剖检变化

（1）雏鸡　急性死亡的雏鸡，常无明显病理变化。病程稍长者，可见肝肿大变性，呈淡白色至土黄色，表面布有砖红色条纹和白色或灰色针尖大的坏死点。肺和心肌表面有灰白色粟粒至黄豆大稍隆起的坏死结节，这种结节有时也见于脾、肌胃、小肠和盲肠的表面。心脏常有不规则突起。有的盲肠内充满黄白色干酪样物阻塞肠管，呈坚硬管状。卵黄不吸收，呈黄白色豆腐渣样。这些是鸡白痢的特征性病变。另外可见，胆囊胀大，充满胆汁；肾脏暗紫色或苍白色，输尿管因充满尿酸盐而扩张。

（2）成鸡　卵巢萎缩，卵泡变形、变色、变质呈现畸形、多角状，并有肉柄连接在卵巢体上。有的皱缩松软，呈囊状，内容物呈油脂或豆渣样；有的变成紫黑色葡萄干样；个别卵泡破裂或脱落造成卵黄性腹膜炎。公鸡一侧或两侧睾丸萎缩，显著变小，输精管肿胀，其内充满黏稠渗出物乃至闭塞。其他较常见病变有：心包膜增厚，心包腔积液，肝肿大质脆，卵黄性腹膜炎等。

4. 鉴别诊断

（1）本病与鸡球虫病的区别　鸡球虫病一般侵害 20～90 日龄鸡，呈急性或慢性经过，且有血性下痢，小肠结节压片镜检可查出球虫卵囊。

（2）本病与鸡伤寒、副伤寒的区别　较难区别，并有时混合感染，只有对病原菌进行分离培养和鉴定才能区别。

5. 防治措施

（1）预防　消灭鸡白痢的根本方法是有计划地培育无白痢种鸡群，检疫和淘汰阳性种鸡。种鸡第一次检疫在 140～150 日龄，连续检疫 3 次，每次间隔 30 天。以后每隔 3 个月检疫一次，直到两次均不出现阳性后改为 6 个月检疫一次。对孵出的种蛋、孵化器用甲醛溶液熏蒸消毒。每立方米用甲醛溶液 28mL 熏蒸 20～30min，同时对育雏室、孵化室、用具等进行卫生清洁及定期消毒，出壳雏鸡用 0.01% 高锰酸钾溶液作为饮用水。

（2）治疗　因长期应用某种药物进行预防和治疗病原菌容易产生耐药性，最好根据药敏试验选择高敏药物。推荐目前常用的几种药物，以下均为治疗量，预防量减半。

① 氯霉素　每千克饲料拌入 1g（片剂，0.25g/片），连用 3～5 天。

② 庆大霉素　每千克饮水加 4 万～8 万单位，连饮 3～5 天。

③ 痢特灵　每千克饲料加 0.4g，连用 5 天。注意控制剂量，充分混匀，防止中毒。

④ 土霉素　按每只每日 10～50mg（雏鸡每只每日 10mg），拌在饲料中喂服，连用 3～4 天。

（二）禽霍乱

禽霍乱又称为禽巴氏杆菌病、禽出血性败血症，是由巴氏杆菌引起的一种接触性、急性败血性传染病。一些家禽和野禽对巴氏杆菌易感，该病在鸡群中多呈散发性或地方性流行，并且多发生在成年鸡阶段，鸡群中生产性能好、生长发育良好的鸡更易发病，而且公鸡的发病率和死亡率要高于母鸡。

1. 流行特点

病鸡和带菌鸡是主要的传染源，传播途径较多，可以通过呼吸道、消化道或者伤口进行传播。该病可以经由排泄物、分泌物、饲料、饮水、场地、用具、动物、人、寄生虫等媒介传播，因此传播速度非常快，发病率较高。该病的诱发和传播与饲养管理及饲养环境有着直接的关系，饲养管理不当（如鸡舍环境卫生较差、舍内温度不适宜、过于潮湿、饲养密度过大、通风不良），气候突变，长途运输或患寄生虫病等都会促使该病发生和流行。虽然该病的发生无明显的季节性，但是夏末、秋季和冬季是该病大肆流行的季节。

2. 临床症状

该病可分为最急性型、急性型和慢性型，潜伏期为 2～9 天。

（1）最急性型　发生于该病流行的初期，主要发生在生长发育较快或者生产性能较好的蛋鸡身上，一般在发病时无明显的临床症状就突然死亡，常有蛋鸡死于产蛋箱内，或者是采食和饮水时突然发生强直性抽搐而死亡。

（2）急性型　常见于发病的中后期，有较为明显的临床症状，主要表现为精神较差，食欲减退甚至不采食，呼吸急促，张嘴喘气，口鼻处有黏液，站立不稳，体温升高（可达 43～44℃），羽毛蓬乱，发生剧烈腹泻，排泄黄色或者绿色水样粪便，其中混有黏液，有的甚至会混有血液。蛋鸡在产蛋期会停止产蛋，产蛋量急剧下降。有一些蛋鸡所产蛋壳的颜色异常，产褐壳蛋的颜色变为橘白色，并且蛋壳质量变差，表面粗糙，有碳酸钙沉积渣。

（3）慢性型　多见于该病的流行后期，由急性型转变而来，主要症状为病鸡精神沉郁，不愿走动，缩颈闭眼，鼻窦肿大，鼻孔内有黏性分泌物流出，呼吸不畅，常有腹泻发生，食欲下降，贫血、消瘦，关节肿大，跛行。有些病鸡的肉髯有肿胀、坏死、脱落的现象。病程较长的病鸡生长发育受阻，产蛋量下降，并且长期无法恢复正常。

3. 剖检变化

最急性型病例无明显的病理变化。急性型和慢性型病例剖检可见气管轮层出血，黏膜充血；心外膜和心冠脂肪可见明显的出血点，心包内有大量淡黄色液体，心肌和心内膜有出血点；肺充血或出血；肝肿大，质地脆弱，上面散布许多针尖大小的灰白色坏死点或者有黄色的斑点；脾脏大；肾脏肿大，输尿管内有白色的尿酸盐；肌胃黏膜有出血斑；肠黏膜充血，肠壁有淤血斑或出血点；输卵管黏膜充血，卵巢内有坏死且已干瘪的卵子，有的卵泡爆裂；肠道出血，其中十二指肠有严重的出血性炎症，盲肠淋巴结出血。

4. 防治措施

（1）预防　①禁止其他禽类和动物与鸡混养。②坚持预防性消毒，发现疫情应及时处理，彻底清扫，全面消毒。③加强饲养管理，注意环境卫生，确保饲料营养全面、优质。④病鸡隔离治疗，死鸡无害化处理。

（2）治疗　合理选择治疗药物，大群可拌料、饮水投服，对不能较好采食和饮水的鸡只应人工投喂。多杀性巴氏杆菌为革兰氏阴性菌，常用的药物很多，如土霉素、氯霉素、庆大霉素、复方磺胺、喹乙醇、呋喃唑酮、氟喹诺酮类药物等。临床上使用盐酸环丙沙星 $50 \sim 100 \mathrm{mg/kg}$ 拌料或饮水，甲磺酸诺氟沙星或氧氟沙星 $20 \sim 40 \mathrm{mg/kg}$ 拌料或饮水对本病具有显著效果。也可以肌内注射青霉素＋链霉素：每千克体重注射青霉素 5 万单位、链霉素 10 万单位。

以上用药至少应坚持一个疗程（3～5天），忌频繁换药。

（三）鸡大肠杆菌病

鸡大肠杆菌病是一种以大肠杆菌为原发性或继发性病原的传染病。本病多发于13日龄左右的雏鸡，常发生于环境卫生条件差的鸡场。

1. 流行特点

① 本病主要发生于6周龄以下的雏鸡，其他年龄的鸡也可发病。发病率30%～70%，死亡率40%～70%，高者可达100%。

② 本病的发生无季节性，但冬春寒冷季节和气候多变时期多发。

③ 传播途径是消化道、呼吸道、脐带、皮肤创伤等，被大肠杆菌污染的饲料、饮水、垫料、笼具、空气等是主要传染源。经蛋传播是大肠杆菌病流行的一个重要原因，母源性种蛋带菌可将疫病垂直传播给下一代；有些蛋虽不带菌，但蛋表面带有被污染的粪便、泥水，如不及时清洗消毒，大肠杆菌将在集蛋、储蛋和孵化期间在蛋间污染并进入蛋内，引起疫病传播。

④ 本病多并发或继发其他疫病，如霉形体病、鸡白痢、禽伤寒、传染性支气管炎、传染性法氏囊病、新城疫、腹水综合征等。

⑤ 本病病菌为条件性病原菌。恶劣的环境条件、应激、营养不良、其他疾病的发生等均可诱发鸡大肠杆菌病。

⑥ 大肠杆菌对外界环境的抵抗能力较强，室温下在水中可存活120天，蛋壳上24天，垫料、孵化器中也可长期存在。普通消毒药和许多抗生素对之有效，但其对抗生素极易产生耐药性。

2. 临床症状

临床上由于患鸡被侵害的部位不同，其症状和病理剖检变化也不相同。依此可将鸡大肠杆菌病分为以下几种类型：

（1）急性败血病　本型多发于育成鸡和成年鸡，呈散发性和地方性流行，急性死亡，死亡率5%～10%，高者可达50%。病鸡肌肉丰满，嗉囊充盈，症状不明显。

（2）鸡胚死亡和雏鸡脐炎　经蛋垂直传播的种蛋在孵化期间可

出现大量死胚。出雏后有许多弱雏，卵黄吸收不良且发生脐炎，并迅速在出雏鸡内和育雏室内传播。脐孔红肿，破溃且流出渗出液；后腹胀大，腹壁薄，红色或青紫色，肛门流出黏稠、腥臭的黄白色粪便。雏鸡衰弱，食欲不振或废绝，或可饮水，出壳后数日死亡。

（3）卵黄腹膜炎　主要发生于产蛋鸡，多散发。母鸡产蛋停止或减少，腹部下垂，消瘦死亡。

（4）全眼球炎　常见一侧或两侧眼睛有化脓性炎症，眼前房蓄脓、肿大，角膜浑浊，视力逐渐降低，严重者失明。病鸡精神沉郁，蹲伏少动，觅食困难。本病发病率、死亡率均在 $10\%\sim30\%$。

（5）心包炎和肝周炎　本型多由大肠杆菌性败血症或（和）气囊炎转化而成。

（6）气囊炎　本病在发生发展过程中没有特征症状，其症状多被原发病或原发病后遗症所掩盖。有些病例很快发展为心包炎、肝周炎、卵黄腹膜炎。这种情况下，气囊炎仅为其他三型发病过程中的一段经过。

（7）大肠杆菌性肉芽肿　此型在临床上无任何特征性症状，一般表现为精神沉郁，垂翼，羽毛蓬乱无光，体重下降，体弱无力，冠与肉髯苍白，食欲降低，体温略升高，口渴，拉灰白色稀粪。病死率较高，有时可达 50%。

3. 剖检变化

病原菌感染部位不同，所表现的病变也不相同，应根据具体情况而定。

（1）急性败血病　特征性病变是心包炎、肝周炎、腹膜炎。肝肿大，绿色或铜绿色，肝周钝圆，有时可见针尖大小的白色坏死灶。纤维素性心包炎，心包肥厚，胸肌充血。

（2）鸡胚死亡和雏鸡脐炎　卵黄呈现黄棕色水样物，内有颗粒悬浮，有时内有干酪样团块，卵黄吸收不良。肝肿大，土黄色，质脆，有出血斑点。小肠鼓气，黏膜充血或出血。

（3）卵黄腹膜炎　输卵管内分泌物、坏死组织增多，凝结成块而堵塞输卵管，卵子掉入腹腔或细菌蔓延至腹腔，引起卵黄腹膜炎。输卵管扩张，管壁变薄，管腔被干酪样物质堵塞。腹腔内可见卵黄或卵黄残体，腹水淡黄色、浑浊，腹内器官广泛性粘连。

（4）全眼球炎　剖检可见心、肝、胆、肠道等有败血症病变。

（5）心包炎和肝周炎　心包炎的特征为心包积有浑浊的液体，心包膜浑浊呈云雾状。肝周炎则表现为肝表面附有一层白色纤维蛋白性伪膜，腹腔积有浑浊的液体，腹腔内组织器官常发生粘连。临床上所见的多为心包炎和肝周炎同时发生的病例。

（6）气囊炎　气囊炎表现为气囊增厚、浑浊，内壁附有干酪样物。

（7）大肠杆菌性肉芽肿　表现为肝、肠系膜、十二指肠和盲肠等处有白色肉芽性结节，易与内脏肿瘤型马立克氏病混淆。

4. 防治措施

（1）预防措施　加强饲养管理，注意环境卫生，控制饲养密度，保证饲料、饮水卫生，通过这些措施可减少大肠杆菌感染概率，保障鸡的抗感染能力，从而明显地降低大肠杆菌病的发生率。另外，还需进行环境消毒，药物预防。预防用药应制订计划，最好每周更换一种（类）药物，以防产生耐药性。

（2）治疗方法　大肠杆菌为革兰氏阴性菌，一般广谱抗生素均有效，如氯霉素、庆大霉素、氟喹诺酮类药物、磺胺及抗菌增效剂、呋喃类药物等。

（四）鸡葡萄球菌病

鸡葡萄球菌病是由葡萄球菌引起的急性败血性或慢性传染病。

1. 流行特点

雏鸡感染后多为急性败血症，幼鸡脐带感染，育成鸡为急性和慢性经过，40～60 日龄鸡发病最多，鸡群过大、拥挤、鸡舍卫生差都可促进本病发生。雏鸡和育成鸡感染后死亡率较高。

2. 临床症状

（1）急性败血型　通常是 40～60 日龄的幼鸡易发。病鸡表现出精神萎靡，神情呆立，拒绝活动，缩颈，双翅下垂，眼睛半闭，呈嗜睡状，食欲不振或者废绝，羽毛粗乱、失去光泽。有些发生下痢，排出黄绿色或者灰白色的水样粪便。病鸡往往在发病 2～5 天内出现死亡，病死率为 10%～50% 不等。

（2）慢性关节炎型　育成鸡感染后一般呈现关节炎，病鸡多个关节发生肿大，特别是翅、足关节更加明显，呈黑紫色或者紫红色。如果脚垫被刺伤，会出现肿胀，运动时呈现跛行，无法站立，往往在食槽或者水槽附近伏卧，依旧能够饮水和采食，但由于采食困难使机体日渐消瘦，最终由于极度衰竭而死。部分病鸡的趾端持续坏疽，并逐渐干燥、脱落。该类型病程通常可持续 10 天左右。

3. 剖检变化

（1）急性败血型　该型典型特征是肉眼可见胸部发生病变，即整个胸腹部皮下出现充血、溶血，呈弥漫性黑红色或者紫红色，积存黄红色或者粉红色的胶冻样水肿液，并可向后涉及两腿内侧以及后腹部，向前涉及嗉囊周围，但主要是胸部多见。腹部和腿内侧肌肉散布有出血斑或者条纹，尤其是胸骨柄处肌肉存在弥散性出血斑或者条纹。肝脏呈淡紫红色，发生肿大，出现花纹样病变，病程持续较长时肝表面还存在不同数量的白色坏死点。脾脏呈紫红色，也发生肿大，存在白色坏死点。有时腹腔脂肪、肌胃浆膜等处发生紫红色水肿以及出血；心包积液，液体呈黄红色半透明状。有时心外膜和心冠状沟脂肪会发生出血。部分还伴有肠炎变化，腔上囊没有明显变化。

（2）慢性关节炎型　病鸡关节发生充血、肿大或者出血，滑膜变厚，关节囊内或多或少都存在一些浆液，或者存在浆液性纤维素性渗出物。病程持续较长时，发病后期会出现干酪样坏死，关节四周的结缔组织明显增生，并出现畸形。

4. 鉴别诊断

（1）维生素 E-硒缺乏症　该病与关节炎型葡萄球菌病的相似之处是，病鸡关节发生肿大，导致跛行，影响站立，但能够采食。区别是，该病是由于摄取维生素 E、硒不足引起的，通常在 2～3 周龄持续发病，6 周龄时肿大症状消失，到 12～16 周龄会再次发生肿大，另外雏鸡腹部皮下发生水肿，针刺可见蓝绿色黏液；剖检发现骨骼肌、胸肌、心肌存在灰白色条纹，肌肉内肌酸数量减少，尿中含有较多的肌酸。

（2）维生素 K 缺乏症　该病与败血型葡萄球菌病的相似之处是，病鸡的胸、腿皮肤呈紫色，发生腹泻。区别是，该病是由于摄取维生素 K 不足引起的，且病鸡的翅膀皮下发生出血，存在紫斑，冠、髯苍白，血液凝固不良，病变程度相对较轻。

5. 防治措施

（1）药物治疗　只要鸡群出现发病，就要立即使用敏感药物进行全群防治。例如，病鸡可按每千克体重肌内注射 5×10^4 IU 青霉素或者 5～7.5mg 庆大霉素，每天 2 次，连续使用 3 天。采取大群鸡治疗时，可在饲料中添加 0.02%～0.04% 的磺胺类药物，混合均匀后饲喂，连续使用 3 天；也可按每千克饲料添加 30mg 头孢菌素混饲，每天 2 次，连续使用 1 周，并配合在饮水中加入口服补液盐和电解多维。

（2）加强饲养管理　鸡群要饲喂全价日粮，舍内坚持适当通风，光照充足，饲养密度合理，保持安静。对于形成外伤的鸡要立即采取处理措施，避免发生感染。舍内环境保持干净卫生，定期进行消毒。

鸡场可使用本场分离得到的金黄色葡萄球菌，通过灭活处理后制成灭活苗，给鸡群进行免疫接种，避免出现发病。

（五）禽曲霉菌病

禽曲霉菌病也称霉菌性肺炎，是由多种曲霉菌所引起的多种禽类都能感染的一种真菌性疾病，主要发生于 3 周龄以下的幼雏。其主要特征是雏鸡呼吸困难，在肺、气囊等脏器上形成小米粒大的灰黄色结节。

1. 流行特点

自然条件下，鸡、鸭、鹅对本病易感，3 周龄以内的雏禽最易感，4～15 日龄时常呈急性暴发，死亡率达 50%。成年禽只有个别感染发病。梅雨季节育雏，容易发生本病。育雏室阴暗潮湿、通风不良及雏鸡拥挤等因素均易导致本病暴发。

本病主要传播途径是呼吸道和消化道，鸡常因吸入大量孢子或接触发霉饲料、垫料等而发病。霉变的饲料和垫料常是引起本病的主要传染源。在孵化过程中，真菌可穿透蛋壳，使胚胎感染。

2. 临床症状

病禽主要表现呼吸困难、喘气、呼吸加快，但和其他的呼吸道疾病不同，一般不发出明显的"咕噜"音；消瘦、口渴、发热，后期腹泻，毛乱翅垂；有的侵害眼睛，引起眼炎，致使病禽怕光流泪，轻者眼内有浆液性分泌物，严重者眼内蓄积豆渣样物，使眼皮鼓起形成白翳；有的出现神经症状，如歪头、麻痹、跛行。本病病程长短与感染真菌的数量和中毒的程度有关。急性病例的致死率可达50%以上。

3. 剖检变化

主要病变在肺和气囊。在肺、气囊、胸腹腔中可见散在的针尖大至小米粒般或豌豆样大小不等的灰白色或淡黄色结节，柔软而有弹性，有时结节相互融合成大团块，内容物呈干酪样。病程稍长的，甚至在肺、气囊、气管、腹腔内形成可见的霉斑，肝形成肝变，质地坚硬，无弹性，切面纹密。黄曲霉菌的特征性病变是肝肿大、苍白；慢性病例则肝硬化，心包和腹腔中积水，皮下有胶冻样渗出物。

4. 防治措施

（1）预防　禁用霉变饲料、垫料。预防饲料霉变是防止本病发生的主要措施，垫料要常翻晒，以防真菌生长繁殖。注意禽舍、用具的卫生消毒，加强通风换气，保持室内干燥、清洁；饲养密度适中，这些均为预防本病的重要措施。

（2）治疗　确诊后应立即停喂霉变饲料，清除霉变垫料，加强护理，同时用药物及时治疗。每千克饲料加入制霉菌素100万～150万单位，全群连用5～7天，效果较好；用1∶3000硫酸铜饮水，连用3～5天，效果较好；在1L饮水中加碘化钾5～10g，具有一定疗效；中药治疗，蒲公英500g、鱼腥草500g、苏叶500g、桔梗250g（1000只鸡用量），诸药煎汤取汁后拌料喂服，每天2

次，连用 7 天。饮水中加 0.1% 高锰酸钾。

三、寄生虫病

（一）鸡球虫病

鸡球虫病是由艾美耳属球虫寄生于鸡肠黏膜上皮细胞内引起的一种急性流行性原虫病。该病以出血性肠炎、血痢、雏鸡高发病率和死亡率为特征。引发球虫病的病原为 9 种艾美耳属球虫，但致病力最强的为柔嫩艾美耳球虫（又称盲肠球虫）和毒害艾美耳球虫（小肠球虫）。

1. 流行特点

① 本病主要发生于 3 月龄以内的小鸡，15～45 日龄内最易感，11 日龄内很少发病。现在，本病的发生日龄有提前趋势。

② 本病的传播途径为经口吞食。当饲料、饮水或垫料及地面被卵囊污染后可引起感染和本病的流行。

③ 鸡从吞食感染性卵囊到排出新一代卵囊时间为 7 天，第 8 天为卵囊排出高峰期，第 9 天减少。如无重复感染，第 21 天绝大多数卵囊排出体外，剩余卵囊可持续排出直至 7 个月后。

④ 球虫病多并发或继发其他肠道疾病，如沙门氏杆菌病、大肠杆菌病、魏氏梭菌病等。

⑤ 气温在 20～30℃ 的阴雨季节本病多发。

⑥ 潮湿、拥挤、阴暗不洁的鸡舍，缺乏维生素 A、维生素 K 和饲料调配不当是本病流行的诱因。

2. 临床症状

本病临床表现为：病鸡精神沉郁，头颈卷缩，闭眼呆立，羽毛松乱，喜欢拥挤；食欲不振，饮欲增加，嗉囊充满液体；下痢，排出带有血液的浓厚稀粪；后期病鸡食欲废绝，两翅下垂，共济失调，倒地痉挛死亡。病程 6～10 天，死亡率 50% 以上，严重病鸡群死亡率可达 100%。3 月龄以上鸡多为慢性经过，食欲不振，间歇性下痢，有时粪便中混有血液，贫血，发育迟缓，进行性消瘦，病程可达 2 个月。

3. 剖检变化

盲肠或小肠等局部肠段出现出血性坏死性肠炎，肠壁增厚，脆性增加；贫血，腹泻，便中带血，有时粪便为鲜红色；粪便或肠黏膜涂片，滴加 1 滴甘油饱和盐水，加盖玻片镜检可见卵囊。

4. 防治措施

① 由于球虫抗原的阶段性和多样性，虽然国内外学者做了大量的研究工作，但还没有理想的商业疫苗。

② 舍内外环境卫生的控制在本病的预防中极为重要。杜绝卵囊污染舍内环境，不给卵囊发育成感染性卵囊的机会。

③ 保证饲料营养全面、充分，特别不应有维生素 A、维生素 K 缺乏的现象。治疗期间，维生素 A、维生素 K 应倍量或更高剂量添加。

④ 预防用药应交替换药。制订用药计划，几种药物交叉使用，即所谓的"穿梭用药"，防止耐药性的产生。

⑤ 治疗用药物很多，但治疗用药物不应与预防用药物类同。如鸡宝 20（德国产），含 0.06％的氨丙啉和盐酸呋喃唑酮，饮水 5～7 天，后以 0.03％浓度饮水维持 1～2 周；0.2％的尼卡巴嗪拌料预防；0.055％～0.1％的可爱丹（克球多、克球粉、球定等，内含 25％的氯羟吡啶）拌料；氯苯胍 60mg/kg 拌料预防，90～120mg/kg 拌料治疗，宰前 7～10 天停药；马杜拉霉素（马杜霉素、抗球王、克球皇）5mg/kg 拌料或饮水；盐霉素 60～100mg/kg 拌料；莫能菌素 60～100mg/kg 拌料；土霉素 0.2％拌料；痢特灵 0.04％拌料；复方敌菌净 0.03％拌料；0.12％～0.2％的敌球快灵（含磺胺喹噁啉与敌菌净）拌料；常山酮 6mg/kg 拌料等。这些方法对球虫病的防治均有效。

球虫病防治用药中应注意以下问题：

① 用药时应"穿梭用药"，以防产生耐药性。

② 多数药物在鸡上市前 1 周应停药。

③ 磺胺类药物使用不宜超过 5 天，否则会抑制鸡的增长和产蛋。

④ 应联合使用抗生素类药物，防治并发症和继发病的产生。

（二）鸡蛔虫病

鸡蛔虫病是鸡常见的一种寄生虫病，蛔虫是一种线虫，排出的虫卵发育成熟后才有感染力。

1. 临床症状

本病多发于中鸡、后备鸡和成鸡。病鸡羽毛蓬乱，生长不良，鸡冠苍白，黏膜苍白，下痢，逐渐消瘦，便中常带蛔虫，有时粪便混有带血的黏液。

2. 防治措施

要常清除（扫）粪便，勤换垫草，鸡群定期驱虫。治疗可用驱虫灵（哌嗪嗪）每千克体重 0.25g，一次口服，大群可拌料；驱虫净（四咪唑）每千克体重 30～40mg 拌料；左旋咪唑每千克体重 25mg 拌料；噻苯唑每千克体重 0.5g 拌料；丙硫咪唑每千克体重 5～10mg 拌料、口服均有很好的疗效。

四、营养代谢性疾病

（一）维生素 A 缺乏症

1. 临床症状

雏鸡多在 6～7 周龄发病。早期病鸡生长缓慢，精神萎靡，身体瘦弱，运动机能失调，走路不稳；后期由于眼结膜发炎，流眼泪，眼睑里有豆渣样的物质沉淀，抵抗力下降，容易感染其他疾病。

成年鸡主要症状是精神不振，食欲减退，流鼻涕，呼吸困难，下泻，贫血，鸡冠和肉髯苍白，逐渐消瘦衰弱，羽毛蓬乱，喙和腿的黄色素消失，两翅无力，步态不稳，往往不能站立。母鸡的产蛋量显著下降，最后出现眼部病变。与雏鸡相似，患病的成年鸡眼内蓄积有豆渣样物质，严重时可造成失明，通常只有少数鸡只死亡。

2. 防治措施

日粮中应补充足量的含维生素 A 或维生素 A 原的饲料，如维生素 A、黄玉米、胡萝卜、南瓜以及其他青绿饲料，同时应注意饲料的保管，防止发生霉变、发热和氧化，以免维生素 A 被破坏。

对发病鸡群的治疗除在日粮中补给富含维生素 A 的饲料外，症状较重的病鸡可喂服鱼肝油 1/4 食匙，每日 3 次或在每千克饲料中补充维生素 A 1 万单位，个别的也可肌内注射维生素 A 2500 单位。眼部病变可用 3‰硼酸液冲洗，然后涂上眼药膏或滴眼药水，每天 1 次，连续 3 天。由于维生素 A 吸收很快，在发病不严重时，只要在饲料中补充维生素 A 就能迅速收到良好疗效。

（二）维生素 D 缺乏症

1. 临床症状

病雏发育不良，食欲不振，羽毛蓬乱，步态不稳，不能站立；长骨软而弯曲，龙骨变形，软骨和硬骨接合处有圆珠样硬节；胸骨平而扁，向两侧突出；喙软，甚至可以弯曲。成鸡骨骼变软，喙、爪可弯曲；两腿无力，常蹲伏。蛋鸡先产薄壳蛋或软壳蛋，继而产蛋量显著下降，甚至停产；蛋清稀薄，浓稀蛋白层次界限不清，孵化率显著低下。

2. 防治措施

（1）预防　日粮配合要按饲养标准给予充足的钙、磷和维生素 D_3。一般每千克饲料中应含足量维生素 D_3，幼雏为 110IU，产蛋鸡为 260IU。开放式饲养时要同时给鸡以充足的直射阳光照射（穿过普通玻璃的阳光无效）。

（2）治疗　调整钙磷比例，按营养标准满足各类鸡的钙、磷和维生素 D_3 的需要；补喂维生素 D_3 或鱼肝油；按每千克饲料添加维生素 D_3 22000IU 拌料，或雏鸡每只每次喂鱼肝油 1～2 滴（粒）。必要时应注射维生素 D_3，为预防量的 3%～5%，4～5 天重复一次。

（三）维生素 E 缺乏症

1. 临床症状

成鸡一般无明显症状；产蛋鸡仍能产蛋，但孵化率显著下降，

现代蛋鸡养殖关键技术精解

一般孵化到第 4 天胚胎即死亡；公鸡睾丸出现退行性变化，生殖机能减退；幼雏则会发生脑软化症、渗出性素质病和肌营养不良症。

（1）脑软化症　常发生于 15～30 日龄幼雏。表现为共济失调，头向后或向下方弯曲，有时向一侧扭曲，两腿呈有节律性痉挛，翅、腹不完全麻痹。剖检可见小脑软化、肿胀，有出血点，脑膜水肿。

（2）渗出性素质病　此病也与硒缺乏症有关。特征性症状为皮下组织水肿，严重时腹部皮下有大量呈淡绿蓝色的液体积蓄。病鸡站立时两腿叉开，腹部皮下外观呈蓝绿色。

（3）肌营养不良症　与同时缺乏含硫氨基酸有关。幼雏表现全身衰弱，运动失调，无力站立，可以造成大批死亡。特征性变化为胸肌呈灰白色的条纹，故又名白肌病。

2. 防治措施

① 病鸡饲料中加喂 0.5% 的植物油或多喂新鲜青绿饲料。

② 对脑软化症和渗出性素质病的治疗，每只喂服维生素 E 300IU，同时饲料中加喂 0.1g/t 亚硒酸钠；对肌营养不良症还应同时补喂胱氨酸或蛋氨酸。

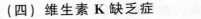

（四）维生素 K 缺乏症

1. 临床症状

病鸡主要表现为容易出血，血液不易凝固，往往易在胸、腿、翅部和腹腔发生大量出血。幼雏表现严重贫血，蜷绕一团、打抖，严重者很快死亡。

2. 防治措施

① 经常补喂充足的新鲜青绿饲料和适量鱼粉，饲料贮放要注意避免阳光直晒。

② 幼雏每千克饲料添加维生素 K 0.6mg。

（五）维生素 B$_1$ 缺乏症

1. 临床症状

幼雏通常在缺乏 2 周内发病，而且症状明显，病情严重，死亡率高。成年鸡在缺乏 3 周后才出现症状，症状发展也较缓慢。病初病鸡食欲减退，生长发育减缓，精神不佳，两腿无力，步态不稳；有的出现腹泻和贫血，冠、肉髯色淡或发紫。随着病情的加重，特征性症状逐渐明显，肌肉麻痹或痉挛，先是脚爪麻痹，随后发展到腿、翅膀及颈部，重者不能站立和行走，常把躯体"坐"在屈曲的腿上，用翅膀扑击就地打转，而后头颈极度向后弯曲，呈角弓反张、昂首观星状，最后倒地，抽搐而死。

2. 防治措施

对病鸡可用维生素 B_1 治疗，每千克体重 25mg，经口给药或肌内注射 1～2 次，连用 2～3 天，可获得满意效果。大剂量注射维生素 B_1 时，要注意防止引起过敏反应和中毒。也可在每千克饲料中添加 5mg 盐酸硫胺素，连用 2～3 天。

预防本病的发生，应该从以下几方面着手：

① 注意日粮的配合。饲料中添加足够的维生素 B_1 或有富含维生素 B_1 的糠麸、青绿饲料。

② 当饲料中添加某些矿物质、碱性药物及防霉剂时，应增加维生素 B_1 的添加量。

③ 对种鸡要及时监测血液丙酮酸的含量，以免影响种蛋孵化率。

（六）维生素 B_2 缺乏症

1. 临床症状

雏鸡发病初期生长发育缓慢，消瘦，衰弱，消化功能障碍，腹泻。最有特征性的症状为足跟肿胀，趾爪向内卷曲，似握拳状，腿部肌肉萎缩，不能直立行走，常以关节着地或完全伏卧或横卧于地，严重者两腿叉开，完全卧地不起，最后衰竭而死。

2. 防治措施

发病后可经口给药，雏鸡每只 0.1～0.2mg 维生素 B_2，成年鸡每只 10mg，连用 7 天为一个疗程。也可注射复合维生素 B 或维生素 B_2 针剂，每吨饲料中添加维生素 B_2 4g。

对缺乏维生素 B_2 的产蛋母鸡所产的种蛋，在孵化前或孵化期间，每只蛋气室内注入维生素 B_2 0.05mg，可减少胚胎死亡，提高种蛋孵化率。

预防本病主要在于确保日粮中有足够的维生素 B_2，注意不同日龄和特殊饲养条件下蛋鸡对维生素 B_2 的需求量的增加并及时补充，避免混合料中碱性物质等对核黄素的破坏，积极防治影响维生素 B_2 吸收的疾病。

（七）滑腱症

滑腱症又叫锰缺乏症。锰是鸡生长繁殖所必需的一种微量元素。

1. 临床症状

缺锰时雏鸡发育不正常，骨变短变粗，膝关节异常肿大、脱腱、腿外翻，不能站立，难于行走，常因吃不到足够的饲料和饮水而死亡。成年母鸡患锰缺乏症时，除产蛋率、孵化率降低外，蛋壳强度下降，在孵化后期胚胎 20～21 天死亡率最高，死胎发育不良，水肿。

2. 防治措施

防治滑腱症应在饲料中搭配带有外皮的谷物颗粒和糠麸。对于病鸡可在饲料中加入硫酸锰、氨基酸锰等，每千克饲料添加硫酸锰 0.1～0.2g；或用 50mg/kg 的高锰酸钾溶液作为饮用水，每天 2～3 次，连喂 4 天。

（八）硒缺乏症

1. 临床症状

雏鸡缺硒时，会造成鸡生长发育不良，死亡率比较高。严重缺硒，特别是同时缺乏维生素 E 时，会发生渗出性素质病，大多发生在 3～6 周龄。病鸡外周血管渗透性改变，红细胞及其他血液成分大量渗出，翅下、胸腹及腿部皮下水肿，呈蓝绿色，剪开时流出蓝色胶冻状的液体，无臭味。病鸡精神萎靡，两腿发软不能站立，直至衰竭死亡。

2. 防治措施

防治硒缺乏症，应注意在缺硒地区或长期饲喂缺硒地区所产的饲料时，在饲料中添加 $0.1\sim0.2g/t$ 的硒，即可满足鸡的生理需要。对缺硒病鸡，可用亚硒酸钠与维生素 E 的混合制剂治疗，也可分别使用这两种药品，即每千克饮水加 0.1% 亚硒酸钠注射液 1.5mL（1.5mg/kg），每千克饲料加维生素 E 1 万单位或植物油 5g，连用 5～7 天，一般可基本控制病情。此后要选用含硒的优质微量元素添加剂，保证硒的正常供给。

（九）钙、磷缺乏症

钙和磷在机体新陈代谢过程中，尤其在雏鸡骨骼形成和成年母鸡的卵壳形成过程中有重要作用。钙、磷的缺乏，不仅影响生长发育中鸡骨骼的形成、成年母鸡蛋壳的形成，而且影响鸡只的血液凝固、酸碱平衡、神经和肌肉等正常功能。

1. 病因

引起鸡只钙、磷缺乏的主要原因是饲料中钙、磷含量不足而又未应用添加剂，或钙磷比例失调，使鸡只无法利用；日粮中蛋白质含量过高或脂肪过多，植酸盐过多，以及环境温度过高、鸡只运动少、日照不足等都可能成为致病因素；也可由于胃肠疾病、肝肾疾病致使鸡只不能从饲料中正常吸收。

2. 临床症状

早期即可见病鸡喜欢蹲伏、不愿走动、食欲缺乏、异嗜、生长发育迟滞等症状，雏鸡的喙、爪变得较易弯曲，肋骨末端呈念珠状小结节，跗关节肿大，蹲伏或跛行，有的拉稀。对于成年鸡主要是在高产鸡的产蛋高峰期，初期产薄壳蛋（破损率高），产软壳蛋，产蛋量急剧下降，蛋的孵化率也显著降低，后期病鸡骨呈"S"状弯曲。

3. 剖检变化

主要病变在骨骼、关节，全身各部骨骼都有不同程度的肿胀，骨体容易折断，骨密质变薄，骨髓腔变化。肋骨变形，胸骨呈"S"状弯曲，骨质软。关节面软骨肿胀，有的有较大的软骨缺损或纤维样物附着。雏鸡肋骨和肋软骨连接处呈念珠状，长骨的骨骼部分钙化不良，浸入硝酸银溶液中，在火焰上固定几分钟，可区分出钙化区和非钙化区。成年鸡骨软易碎，肋骨内侧表面有球样突起，也称串球状病变。

4. 防治措施

（1）预防　本病以预防为主。首先要保证鸡日粮钙、磷的供应量，其次要调整好钙磷比例，对舍饲笼养鸡，应使之得到充足阳光照射。一般饲料中钙磷比例保持在 $1:(1.5\sim2)$。

（2）治疗　发生本病时，首先于饲料中加入富含钙、磷的饲料，如骨粉、鱼粉、甘油磷酸钙、开花期的优质干草和青饲料等。其次应调整钙、磷含量及其比例，必要时辅以维生素 D。有条件的可考虑直接照射日光，每次 $20\sim30min$。

五、普通病

（一）啄癖

啄癖又称恶食癖、啄食癖、异食癖和互啄癖，各种年龄的鸡都可以发生，群养与散养均易发生，各品种鸡均易发生。

1. 病因

本病发病原因很复杂，不同的原因可引起不同的恶食癖。

① 饲养密度过大，鸡群拥挤，运动不足。

② 舍内环境污浊，通风换气、散热不良。

③ 舍内光照过强。

④ 日粮单一，蛋白质、某些必需的氨基酸（特别是含硫氨基酸）、维生素、微量元素、常量元素缺乏。

⑤ 体表寄生虫病（如螨病）侵袭，因体表瘙痒而自啄，破溃出血后引起他啄。体表、肛门损伤亦可引起啄癖。

⑥ 习性。啄癖一旦在个别鸡身上发生，很快会引起鸡群内互相对啄。

⑦ 淡黄红色物质易引起鸡的啄欲，如露出的肛门、破溃的皮肤、破裂的鸡蛋等。

2. 临床症状

常见的啄癖有啄肛癖、啄毛癖、啄蛋癖、啄趾癖、啄鳞癖，各种啄癖症状及表现不一致。

（1）啄肛癖　常发生于育成期、开产期的鸡，产蛋高峰期的鸡也易发生。雏鸡腹泻而使肛门松弛，肛门口污染；开产鸡难产后泄殖腔外翻；高产蛋鸡泄殖腔垂脱；母鸡在光亮的地方产蛋而被其他鸡看见；公母鸡交配等均为啄肛癖的重要诱因。鸡啄肛后即成习性，群鸡互啄，肛门口四周及泄殖腔内出血破烂，污秽不洁；泄殖腔内穿孔，严重者泄殖腔连同肛门与体壁脱离或直肠、输卵管被啄断。啄肛鸡只如不及时处理，多以死亡告终。

（2）啄毛癖　鸡群拥挤，饲料中钙、磷等缺乏，维生素（特别是维生素 B_2）缺乏，氨基酸（特别是含硫氨基酸）缺乏，皮肤螨病等易引发啄毛癖。啄毛癖表现为体表羽毛稀少，舍内破碎的片毛较多，体表皮肤破溃、出血。鸡群自啄或互啄，或啄食舍内羽毛。应注意与自然换羽相区别。

（3）啄蛋癖　饲料中缺乏蛋白质、钙、维生素 A、维生素 D 等均可引发啄蛋癖。舍内蛋偶然打破而露出蛋清蛋黄，蛋清的味道和蛋黄的颜色诱使鸡只啄食，形成癖好，然后彼此影响形成群啄，舍内和产蛋箱内如不及时捡蛋则多数蛋被啄破，造成严重的经济损失。

3. 防治措施

① 加强管理，做到饲养密度适中，光照不宜太强，舍内清洁卫生，通风良好。

② 饲料营养成分全面充足。

③ 发现有啄癖的鸡只及时隔离，妥善处理：饮以 1% 盐水；清洁被啄部位，涂擦 2%～4% 碘酊；如有感染应使用广谱抗生素；喂全价饲料等。对于啄毛癖鸡只可在饲料中添加 1% 石膏粉末。

（二）食盐中毒

食盐中毒是指鸡摄取过多的食盐或连续摄取食盐而饮水不足，导致鸡中枢神经障碍的疾病，其实质是钠中毒。

现代蛋鸡养殖关键技术精解

1. 病因

家禽食盐中毒是由于饲料中食盐含量过高（超过 0.5％时），或同时饮水受到限制，或饲喂过多食堂的残渣和腌制加工的副食品等，如有的鱼粉含盐量竟达 8％。鸡和鸭的食盐最小致死量为每千克体重 4g，鸭比鸡更敏感。实验证明，当雏鸡料中食盐含量达 1％、成鸡料中食盐含量达 3％时，或饮水中食盐含量达 0.9％时，即可引起鸡的大批中毒死亡。

鸡对食盐的合理需要量是占饲料的 0.25％～0.5％，以 0.37％为最适宜。

2. 临床症状

病禽中毒较轻时，饮欲增加，食欲减少，粪便稀薄混有水，引起鸡舍地面潮湿。严重中毒时精神委顿，食欲废绝，渴欲强烈，无休止地喝水，口鼻流黏液，嗉囊肿大，腹泻，后期步态不稳或瘫痪，呈昏迷状渐至衰竭死亡。有时呈现神经过敏、惊厥、末梢麻痹等症状。

3. 剖检变化

病死鸡的主要病变为皮下水肿，腹腔和心包积水，肺水肿，胃肠道黏膜充血、出血，脑膜血管充血、扩张。幼雏鸡有明显的消化道充血和出血，内脏器官水肿。病鸡的输尿管和排泄物中有尿酸盐沉积。

4. 诊断

根据饲料情况和饲喂史调查，结合症状和病变，一般可作出初步诊断。必要时取嗉囊内容物测定食盐含量以确诊。

5. 防治

（1）预防　使用配合饲料时对所用鱼粉等，应测定其含盐量，或估计盐分多少，以决定其添加量，使配合饲料的含盐量控制在 0.35％左右，防止中毒事故发生。平时要给鸡群充足新鲜的饮水，也可减轻食盐中毒的程度和减少中毒的概率。

（2）治疗　发现可疑食盐中毒鸡时，立即停用原饲料和饮水，改换新鲜充足淡水或糖水，症状可逐渐好转。对中毒严重的鸡，要限制供给饮水，每隔 1h 让其饮水 15min 左右，以免一次大量饮水，加重组织水肿。

（三）亚硝酸盐中毒

绿色蔬菜，像青菜、包菜、幼嫩的高粱苗、玉米苗等都含有硝酸盐，在堆积发酵、蒸煮不透等情况下可转变为亚硝酸盐，在鸡的消化道中也可被微生物还原为亚硝酸盐。亚硝酸盐进入血液循环后，可使低铁血红蛋白还原为高铁血红蛋白，失去携氧能力，导致机体缺氧。

1. 病因

在农村，农户用残次菜叶及青绿饲料来喂鸡，处理不当时即可引起本病的发生。

2. 临床症状

表现为缺氧症。病鸡口腔黏膜、肉髯及冠变为酱紫色，抽搐，呼吸困难，卧地不起，严重的引起窒息死亡。

3. 剖检变化

主要病症是血液呈酱油色或棕褐色，血液凝固不良，肝、脾、肾等脏器淤血。

4. 实验室检测

取病料液 30 滴滴在滤纸上，加 10% 联苯胺和 10% 醋酸的混合液 1 滴，若有硝酸盐存在，即呈棕红色。

5. 防治

（1）预防　主要是不喂腐烂变质或发酵的青绿饲料及残次菜叶，尤其不能切碎煮闷在锅里慢慢地喂，而应现切现喂，保持清洁和新鲜。

（2）治疗　以 1% 亚甲蓝溶液静脉注射，用量为 1mL/kg，维生素 C 有辅助和协同治疗作用。甲苯胺盐以 5% 溶液静脉注射、腹腔注射也有一定的疗效。

（四）磺胺类药物中毒

磺胺类药物是治疗鸡的细菌性疾病的常用药物，使用不当则可能引起一定的毒性反应，但严重中毒的比较少见。

1. 病因

根据病史调查，看是否用过磺胺类药物，对用药的种类、剂量、添加方式、用药天数、供水情况进行综合分析，毒性作用轻重取决于多种因素，主要是：所用磺胺类药物毒性大小，对小鸡来说毒性最大的是磺胺二甲嘧啶（SMZ），其次是磺胺喹噁啉（SQ）和磺胺咪（SG）等；看是否含有增效剂，单纯的磺胺药剂量大，毒性大，含增效剂的磺胺药用量小，毒性也小；还有剂量与使用时间。

2. 临床症状

病雏鸡表现抑郁、厌食、渴欲增强、腹泻、粪便呈酱油色、鸡冠苍白，有时头部肿大呈蓝紫色。有的鸡发生痉挛、麻痹等症状。成年母鸡产蛋量明显下降，蛋壳变薄且粗糙，棕色蛋壳褪色或下软壳蛋。

3. 剖检变化

病鸡具有全身性出血性变化。皮下有大小不等的出血点；胸肌弥漫性或刷状出血；大腿内侧肌斑状出血；肝肿大，呈紫红或黄褐色，表面有出血点或斑；胆囊、肾脏肿大，表面有出血斑点；肌、腺胃黏膜交界处有条纹状出血；十二指肠黏膜出血；盲肠内充满酱油色内容物。

4. 防治

（1）预防　预防本病的发生，3周龄内雏鸡和产蛋鸡最好不用磺胺类药物，必须用时可使用复方新诺明、复方敌菌净等含增效剂的磺胺类药物，同时严格掌握剂量、疗程，用药时应供给充足的饮水。

（2）治疗　发现病情时立即停药，给予充足饮水，并于饮水中投入1%～2%的小苏打，早期也可服用甘草糖水，每千克饲料混入维生素 C 0.2g、维生素 K 35mg，连喂数日。

（五）痛风

鸡痛风是一种蛋白质代谢障碍引起的高尿酸血症。其病理特征为血液中尿酸水平增高，尿酸即以钠盐形式在关节囊、关节软骨、内脏、肾小管及输尿管中沉积。

1. 病因

用大量的动物内脏、肉屑、鱼粉、豌豆等富含蛋白质和核蛋白的饲料长期饲喂可导致痛风；饲料含钙或镁过高也可引起痛风；日粮中常缺乏维生素 A，可发生痛风性肾炎而呈现痛风症状；引起肾功能不全的因素有磺胺类药物中毒、霉玉米中毒、肾传支、传染性法氏囊病、鸡产蛋下降综合征、雏鸡白痢、球虫病、盲肠肝炎以及长期消化紊乱等疾病过程，这些都可能继发或并发痛风；饲养在潮湿和阴暗的鸡舍，密集、光照不足、缺乏维生素皆可成为促使本病发生的诱因；新汉普夏鸡有关痛风的遗传因子，也是致病原因之一。

2. 临床症状

（1）内脏型　病鸡起初无明显症状，逐渐表现精神沉郁，食欲缺乏，消瘦，贫血，鸡冠萎缩、苍白，粪便稀薄，肛门松弛，粪便经常不自主地流出。

（2）关节型　尿酸盐在腿、足和翅膀的关节腔内沉积，使关节肿胀疼痛，活动困难。

3. 剖检变化

（1）内脏型　剖检可见肾肿大，颜色变淡。肾小管因蓄积尿酸盐而变粗，使肾表面形成花纹，输尿管明显变粗，严重的有筷子甚至香烟粗，粗细不均，管腔内充满石灰膏样沉积物。心、肝、脾、肠系膜及腹膜等都覆盖一层白色尿酸盐，呈霉变样。

（2）关节型　剖检可见关节内充满白色黏稠液体，有时关节组织发生溃疡、坏死，若关节肿胀，形成结节，切开或破裂排出灰黄色干酪样尿酸盐结晶。

4. 防治

针对调查出的具体病因采取可行的措施，可收到良好的效果。可试用阿托品 0.2～0.5g，每天 2 次，经口给药；亦可试用别嘌醇 10～30mg，每天 2 次，经口给药。用药可导致急性痛风发作，给予秋水仙碱 50～100mg，每天 3 次，能使症状缓解。

　　大型鸡场发病时，治疗不是主要对策，应积极消除病因，改善饲养管理条件，饲料中添加维生素 A、维生素 D，钙磷比例要适当，切勿造成高钙条件。

第八章　蛋鸡疾病防治

参 考 文 献

[1] 刘根新. 蛋鸡绿色高效养殖技术 [M]. 兰州：甘肃科学技术出版社，2017.

[2] 李景峰. 蛋鸡常见病毒病及诊断规范 [M]. 赤峰：内蒙古科学技术出版社，2018.

[3] 张莺莺，宋云清. 蛋鸡高产技术问答 [M]. 郑州：河南科学技术出版社，2014.

[4] 陈宁宁，杨芹芹. 无公害蛋鸡高效饲养技术 [M]. 石家庄：河北科学技术出版社，2014.

[5] 夏风竹，张蕾. 鸡病防治实用手册 [M]. 石家庄：河北科学技术出版社，2014.

[6] 熊家军，唐晓惠. 鸡高效养殖关键技术 [M]. 北京：化学工业出版社，2009.

[7] 杨志勤. 养鸡关键技术 [M]. 成都：四川科学技术出版社，2002.

[8] 杨宁. 家禽生产学 [M]. 北京：中国农业出版社，2002.

[9] 李建国. 畜牧学概论 [M]. 北京：中国农业出版社，2002.

[10] 臧素敏. 养鸡与鸡病防治 [M]. 北京：中国农业大学出版社，2000.

[11] 孙长湖，等. 养鸡问答 [M]. 沈阳：辽宁科学技术出版社，2000.

[12] 钱建飞，等. 肉鸡生产关键技术 [M]. 南京：江苏科学技术出版社，2000.

[13] 郑雅文，等. 科学养鸡金点子 [M]. 沈阳：辽宁科学技术出版社，2000.

[14] 王长庚. 现代养鸡技术与经营管理 [M]. 北京：中国农业出版社，2005.

[15] 王宁宁. 鸡常用疫苗及使用方法 [J]. 现代畜牧科技，2017（9）：148.

[16] 戴景信，吴华盛. 鸡传染性支气管炎的诊断和治疗 [J]. 畜禽业，2019（8）：108.

[17] 余勤，冯刚，刘斌. 蛋鸡禽霍乱的临床表现、诊治与预防 [J]. 现代畜牧科技，2017（2）：119.

[18] 蔡丰辉. 鸡葡萄球菌病的流行特点、临床表现和防控措施 [J]. 现代畜牧科技，2019（9）：75-76.

现代蛋鸡养殖关键技术精解